JUST SIX NUMBERS
여섯 개의 수

SCIENCE MASTERS

JUST SIX NUMBERS
The Deep Forces That Shape the Universe
by Martin Rees

Copyright © 2000 by Martin Rees
All rights reserved.
First published in Great Britain by Orion Publishing Group Ltd..
The 'Science Masters' name and marks are owned and licensed by Brockman, Inc..
Korean Translation Copyright © 2006 by ScienceBooks Co., Ltd.
Korean translation edition is published by arrangement with Brockman, Inc..

이 책의 한국어판 저작권은 Brockman, Inc.과 독점 계약한
㈜사이언스북스에 있습니다.
저작권법에 의해 한국 내에서 보호를 받는 저작물이므로
무단 전재와 무단 복제를 금합니다.

JUST SIX NUMBERS
여섯 개의 수

마틴 리스가 들려주는
현대 우주론의 세계

마틴 리스
김혜원 옮김

옮긴이의 말

밤하늘 아래에서
우주의 기원과 진화를 생각한다

도시가 고도로 발달한 요즈음 어디에 가도 많은 별을 보기는 힘들다. 서울의 불빛이 100킬로미터보다도 더 멀리 간다고 하는데, 휴전선이나 도시와 멀리 떨어진 산간 지방이라면 어쩌면 예전처럼 하늘 가득한 별과 그들을 가로지르는 넓은 은하수를 볼 수 있을지도 모른다.

산간 지방 어느 언덕에 누워 밤하늘을 바라보면 쏟아지는 별들 때문에 전율과 대우주의 신비를 느낄 수 있으리라. 그러나 우리가 보는 밤하늘의 모든 별들은 우주 속에서도 아주 작은 일부에 지나지 않으니 우리가 보는 밤하늘을 우주로 생각해서는 곤란하다. 결국 하늘에 보이는 별들은 평범한 나선 은하인 우리 은하수에 속한 것이고 이 우주에는 그런 은하들이 수천억 개나 있으니까.

언젠가 허블 우주 망원경의 사진을 본 적이 있다. 깊은 우주를 찍었다는데, 하늘의 아주 작은 영역에 대해 이렇게 높은 감도의 사진을 얻으니 우주는 군데군데 별들이 있는 휑한 공간이 아니라 은하들이 여러 모양의 군집을 이루며 아주 빼곡하게 들어차 있는 복잡한 모습이었다. 그들이 수십억 광년이나 멀리 떨어져 있다고 하니, 우리가 보는 모습은 수십억 년 전의 우주를 보여 주는 것이다. 천문학자들은 이렇게 우주의 과거를 직접 들여다보며 관측하고 있다.

이러한 거대한 우주를 올려다보면 저들을 몇 개의 '수(數)'가 지배하고 있다고 생각하기는 어렵다. 그러나 우주 삼라만상을 지배하는 수가 있다.

이 책은 우리 우주의 탄생과 진화를 설명해 주는 여섯 개의 중요한 수에 대한 이야기이다. 불과 수십 년 전에는 이 여섯 개의 수가 모두 알려져 있지 않았고, 알려져 있었던 것들도 그 의미나 값들이 제대로 이해되지 않았다. 각각의 수가 무엇이며 어떤 의미를 가지고 있는지는 이 책을 통해 독자들이 배우겠지만, 왜 이 수가 5개도 또 10개도 아닌 6개여야만 하는지 궁리해 보는 것도 재미 있다.

우리가 알고 있는 모든 물질이 결국 우주의 탄생과 함께, 그리고 수소와 헬륨 등 일부를 제외한 조금이라도 복잡한 원소들은 모두 진화하여 죽어 가는 별들의 내부에서 만들어졌다는 사실에 모두 놀라워했다. 불과 50여 년 전에 알아낸 이 일이 그 후 핵물리학의 발전에 지대한 영향을 미쳤다. 천문학은 암흑 물질이라는 것으로 또 한 번 우리의 우주를 더욱 경이롭게 만들었다. 우리가 아는 물질은 우주 속에서 그다지 많지 않으며, 우주의 대부분은 암흑 물질이라는 그 정체도 모호한 것으로 가득하다고 한다. 천문학자와 물리학자들이 지금도 이 암흑 물질의 정체를 규명하기 위해 노력하고 있다.

그리고 몇 년 전 우리는 암흑 물질보다도 더 큰 비중을 갖는 그러나 그 정체는 더욱 미스터리에 쌓여 있는 암흑 에너지라는 존재가 우주를 채우고 있다는 뉴스를 듣게 되었다. 암흑 에너지와 암흑 물질 그리고 약간의 일반 물질이 우주를 구성하는 요소이며, 이들에 대한 이해를 통해 우주의 역사를 재정립할 수 있다고 한다. 이를 위한 흥미진진한 연구들이 지금 한창 기획되고 또 진행되고 있을 것이다.

여기에 생각이 미치니, 과연 여섯 개의 수가 언제 얼마나 큰 수로 혹은 작은 수로 변할 것인지 상상하지 않을 수 없다. 천문학은 수백 년 전 지동설을 주창하고 증명해 세상을 뒤흔들어 놓더니, 이제는 몇 년 간격으로 우주 전체를 들었다 놓았다 하고 있다.

우주의 역사는 100억 년보다도 길고, 우주가 담고 있는 물질과 공간은 우리의 상상을 초월하는 엄청난 규모이다. 지금까지 우리가 발견한 것보다 아직 모르는 것이 분명 훨씬 더 많다. 하지만 그러한 엄청난 우주를 이해하려고 노력하는 것이 바로 인간이다. 우주적 규모에서 보면 그야말로 미미한 존재이며 찰나의 인생을 살다 가는 것이 인간이지만, 인간의 정신 세계는 우주 전체와 그 긴 역사를 이미 감싸 안고 있음을 느끼며 인간으로 사는 것이 은근히 자랑스러워진다.

가을 밤하늘 아래에서

김혜원

머리말

우주를 지배하는
심오한 힘들

천문학은 고대에 달력과 항해에 꼭 필요했던 가장 오래된 수리 과학이다. 이 학문 분야에서는 새로운 발견들이 이루어지고 있다. 마침 새천년에 들어서면서 이 분야에 대한 관심이 높아지고 있다. 천문학은 여전히 수(數)의 과학이며, 이 책은 우리 우주를 지배하는 여섯 개의 수와 우주 안에서 우리가 차지하고 있는 위치에 대해 이야기하고 있다.

고대 지도의 제작자들은 지도의 경계가 모호한 지역에 "용이 있다."라고 썼다. 선구적인 항해자들이 지구를 일주하고 주요 대륙과 대양의 윤곽을 그렸고, 나중에 탐험가들이 세부 사항을 채워 넣었다. 이제 더 이상 새로운 대륙을 발견할 희망도, 지구의 크기와 모양을 재검토하는 사람이 될 수 있는 기회는 사라졌다.

 20세기 말에 우리 우주의 지도를 만드는 것도 이와 똑같은 단계에 와 있다. 이제 우리 우주의 완전한 윤곽이 또렷이 드러나고 있다. 이것은 많은 다양한 기술을 이용하는 수천 명의 천문학자와 물리학자, 그리고 공학자가 공동으로 이루어 낸 업적이다. 현대의 망원경들은 깊숙한 우주를 탐사하고 있다. 먼 천체에서 오는 빛이 우리에게 도달하는 데에는 오랜 시간이 걸린다. 따라서 우리는 그 빛을 통해 먼 과거를 어렴풋이 엿볼 수 있다. 우리는 우주 역사의 처음 몇 초 동안에 만들어진 '화석들'을 탐지해 왔다. 우주선(宇宙線)은 물리 법칙에 관한 우리의 지식을 넓혀 준 중성자별과 블랙홀 같은 극단적인 현상들을 새로 알려 주었다. 이런 진보는 우리 우주의 지평을 넓게 확장시켰다. 동시에 원자 내부의 미시 세계를 탐구함으로써 가장 작은 규모의 우주의 본질에 대한 새로운 통찰도 가능해졌다.

 공간뿐만 아니라 시간의 지도까지 만들어 냈다. 현재 밝혀진 모습은 우리의 예상을 뒤엎는다. 그것은 단 하나의 '사건'이 어떻게 수십억 개의 은하와 블랙홀과 별과 행성을 만들었으며, 지구에서, 그리고 다른 세계에서 원자들이 어떻게 자신의 기원을 숙고할 수 있는 복잡한 생명체들로 조립되었는가에 대한 새로운 시각을 제공한다. 별과 원자 사이, 거시 세계와 미시 세계 사이에는 깊은 연관이 있다. 이 책은 전문 용어를 사용하지 않고 우주를 통제하는 힘들을 설명한다. 그 힘들은 우리의 삶을 지배한다. 아마도 우리의 출현과 생존은 우리가 실제로 볼 수 있는 우주보다 훨씬 더 광대한 우주의 아주 특별한 '조율'에 의존하는 것인지도 모른다.

나는 무엇보다도 수년간 함께 연구한 동료들에게 큰 빚을 졌다. 또한 비전문가들과 가졌던 우주론에 관한 통찰력 있는 토론의 덕도 많이 봤다. 이 토론들은 항상 '큰 그림'을 강조함으로써, 그리고 가장 중요한 물음들에 여전히 답하지 못했다는 사실을 상기시킴으로써 신선한 시각을 가져다준다. 데이비드 하트(David Hart), 그레엄 미치슨(Graeme Mitchison), 한스 라우싱(Hans Rausing), 그리고 닉 웹(Nick Webb)에게 특별히 감사한다. 이 책은 이들과 같은 일반 독자들을 위해 씌어졌다. 나는 전문 용어를 피하면서 새로운 발견들을 설명하고 논거가 튼튼한 주장과 헛된 공론을 구별하고 그 너머에 있는 미스터리들을 강조하려고 애썼다.

내게 사이언스 마스터스 시리즈에 참여할 것을 권하고 책이 완성되기까지 참을성 있게 기다려 준 존 브록만(John Brockman)에게 감사한다. 편집과 제작 과정 내내 많은 도움을 준 바이덴펠트 앤드 니콜슨의 토비 먼디(Toby Mundy)와 에마 박스터(Emma Baxter)에게 고마움을 전한다. 또한 삽화를 준비해 준 리처드 스워드(Richard Sword)와 주프 스케이(Joop Schaye), 찾아보기를 만드는 것을 도와준 브라이언 아모스(Brian Amos), 그리고 비서처럼 세세하게 모든 것을 챙겨 준 주디스 모스(Judith Moss)에게도 감사의 마음을 전한다.

마틴 리스

JUST SIX NUMBERS
여섯 개의 수

차례

옮긴이의 말	밤하늘 아래에서 우주의 기원과 진화를 생각한다	4
머리말	우주를 지배하는 심오한 힘들	8

1 | 세계를 지배하는 여섯 개의 수 — 15

2 | 우리의 현주소 I: 행성과 별과 생명 — 35

3 | N, 우주의 중력 — 55

4 | 별, 주기율표, 그리고 ε — 83

5 | 우리의 현주소 II: 우리 은하 너머 — 103

6 | 섬세한 우주 팽창 조율기: 암흑 물질과 Ω — 135

7 | 우주 팽창의 액셀러레이터: 우주 상수 λ — 169

8 | 우주는 매끄럽지 않다: Q — 189

9 | 우리의 현주소 III: 지평선 너머 — 211

10 | D: 3차원, 그리고 그 이상 — 239

11 | 우주는 여러 개일까? — 261

찾아보기 — 284

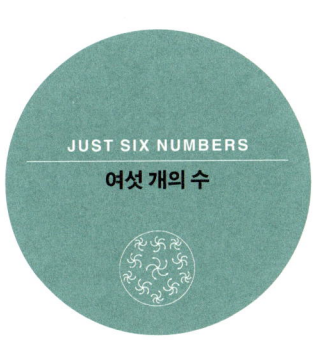

JUST SIX NUMBERS
여섯 개의 수

1
세계를 지배하는 여섯 개의 수

인간은 알려져 있고 또 알 수 없는 모든 실재와 복잡하게 연관되어 있다. 플랑크톤과 바다 위에서 희미하게 반짝이는 푸른빛과 자전하는 행성들, 그리고 팽창하는 우주, 이들은 모두 시간이라는 고무줄로 묶여 있다. 바닷물 웅덩이부터 별까지 바라본 다음 다시 바닷물 웅덩이를 바라보는 게 좋다.

——존 스타인벡, 『코르테스 해 항해 일지』

여섯 개의 수

수학 법칙들은 우리 우주(원자뿐만 아니라 은하와 별과 사람들)라는 천의 버팀목이다. 원자의 성질, 즉 그 크기와 질량, 다양성, 그리고 그것을 결합하는 힘이 일상 세계의 화학을 결정한다. 원자의 존재는 그 내부 깊숙이 존재하는 힘과 입자에 의존한다. 천문학자가 연구하는 행성, 별, 은하 같은 천체는 중력의 지배를 받는다. 그리고 모든 일은 팽창하는 우주라는 무대에서 일어나며, 우주의 성질은 최초의 대폭발이 일어났을 때 그 안에 새겨졌다.

과학은 본질적으로 패턴과 규칙성을 식별함으로써 발전한다. 과학이 발전함에 따라 점점 더 많은 현상을 일반적인 범주와 법칙에 포함시킬 수 있게 된다. 이론가는 물리 법칙의 정수를 통합 방정식과 몇 개의 변수로 요약하는 것을 목표로 삼는다. 아직 가야 할 길이 멀지만 과학자들은 주목할 만한 진전이 이루어 냈다.

이 책에서는 특히 중요해 보이는 여섯 개의 수를 설명한다. 그 가운데 둘은 기본 힘과 관련 있고, 다른 둘은 우리 우주의 크기와 전체적인 '구조' 그리고 우주의 '운명'(우주가 영원히 계속될지, 아닌지)을 결정하며, 나머지 둘은 우주 자체의 성질을 결정한다.

- 우주가 그렇게 광대한 까닭은 본질적으로 1,000,000,000,000,000,000,000,000,000,000,000,000라는 대단히 중요하고

거대한 수 **N**이 있기 때문이다. 이 수는 원자들을 결합시키는 전자기력의 세기를 원자들 사이의 중력으로 나눈 값이다. 만약 **N**이 '0'이 몇 개 더 적은 수였다면 우리 우주는 커다랗게 성장하지 못하고 단명했을 것이다. 그러한 소형 우주에서는 어떤 생물도 벌레보다 크게 자랄 수 없고, 생물학적 진화를 거칠 만한 시간도 얻을 수 없다.

- 0.007의 값을 갖는 또 다른 수 ε(엡실론)은 원자핵들이 얼마나 단단하게 결합되어 있으며 지구의 모든 원자가 어떻게 만들어지는지를 결정한다. 이 수는 태양의 권능을 조절한다. 정확하게 말하면, 별 내부에서 일어나는 핵융합 과정을 통해 수소가 주기율표의 모든 원자들로 변화되는 과정을 통제한다. 탄소와 산소는 흔한 반면 금과 우라늄은 드문 까닭은 별에서 일어나는 핵융합 과정에서 금과 우라늄이 적게 만들어지기 때문이다. ε이 만약 0.006이나 0.008이라면 우리는 존재할 수 없을 것이다.

- 우주의 밀도 Ω(오메가)는 은하, 흩어져 있는 기체 그리고 '암흑 물질' 같은 우리 우주 안에 있는 물질의 양을 측정한 것이다. Ω

는 우주 안에서 중력과 팽창 에너지의 상대적 차이가 가진 중요성을 말해 준다. 만약 중력과 팽창 에너지의 비(比)를 나타내는 Ω가 특별한 '임곗값'에 비해 너무 높았다면 우주는 오래전에 붕괴했을 것이고, 너무 낮았다면 은하나 별이 형성되지 못했을 것이다. 우주 탄생 초기의 팽창 속도는 정교하게 조율되었던 것 같다.

- 네 번째 수 λ(람다)의 측정은 1998년 최대의 과학 뉴스였다. 이것은 '반중력'이 존재한다는 것을 뜻한다. 뜻밖의 새로운 이 힘은 10억 광년보다 작은 규모에서는 뚜렷한 효과가 없지만 우리 우주의 팽창을 통제한다. 우리 우주가 훨씬 더 어두워지고 텅 비게 되면 우주의 반중력이 중력보다 훨씬 더 우세해진다. 우리에게는 다행스럽게도(그리고 이론가들에게는 매우 놀랍게도) λ가 매우 작다. 그렇지 않았다면 그 효과 때문에 은하와 별이 형성되지 못했을 테고, 우주의 진화는 시작하기도 전에 억제되었을 것이다.

- 우주 안에 있는 모든 구조(별과 은하와 은하단)의 씨앗은 모두 대폭발 안에 포함되어 있었다. 우리 우주라는 천은 Q라는 한 가지 수에 의존한다. Q는 기본적인 두 에너지의 비율로 1/100,000

정도다. 만약 **Q**가 훨씬 더 작다면 우주는 불활성이 되어 구조가 만들어지지 않을 것이다. 반면에 **Q**가 훨씬 더 크다면 우주는 격렬한 장소가 되어, 그곳에서는 어떤 별이나 행성계도 살아남지 못하고 거대한 블랙홀들이 주도권을 쥐고 있었을 것이다.

- 여섯 번째 중요한 수는 수백 년 전부터 알려져 있었다. 그러나 지금은 새로운 시각에서 관찰되고 있다. **D**라고 표기하는 이 수는 우리 세계의 공간 차원을 나타낸다. 바로 3이다. **D**가 만약 2나 4라면 생명체는 존재할 수 없을 것이다. 시간은 네 번째 차원이지만 화살표를 내장하고 있다는 점에서 다른 것들과 뚜렷하게 다르다. 즉 우리는 오직 미래 쪽으로만 '움직인다.' 블랙홀 근처에서는 공간이 너무 많이 휘어서 빛이 원을 그리고 시간은 정지한다. 대폭발에 가까운 시간대나 극히 미세한 규모를 연구하다 보면 공간의 가장 심오하고 근원적인 구조를 발견할 수 있을지도 모른다. 10차원 세계에서 진동하고 있는 '초끈'이라는 존재 같은 거 말이다.

어쩌면 이 수들은 서로 관련되어 있는지도 모른다. 그러나 지금은 어떤 수도 다른 수들로부터 도출해 낼 수 없다. 또 '모든 것의 이론'이 이 수들의 상호 관계를 설명하는 공식을 내놓을지도 아직 미지수다. 내가 이 여섯 개의 수를 강조한 까닭은 각각이 우리 우주에서 중대하고 특이한 역할을 하며, 우주의 진화 방식과 본질적인 가능성을 결정하기 때문이다. 현재 어느 정도 정밀하게 측정되고 있는 수는 여섯 개 가운데 단 세 개(대규모 우주에 관계하는 수들)뿐이다.

이 여섯 개의 수들은 우주라는 요리의 핵심 '조미료'이다. 게다가 그 결과는 그 수들의 값에 민감하다. 만약 그 수들 가운데 어느 하나라도 '조율'되지 않으면, 별도 생명체도 존재하지 않을 것이다. 이런 조율이 그저 맹목적인 우연일까? 아니면 인자한 신의 섭리일까? 나는 어느 쪽도 아니라고 생각한다. 나는 여섯 개의 수가 각각 다른 우주들이 무한히 많이 존재한다고 생각한다. 대부분은 처음부터 실패작이거나 열매를 맺지 못할 것이다. 인류는 오직 '올바르게' 조합된 우주에서만 출현할 수 있었을 것이다(그러므로 인류가 현재 얼마나 귀한 상황에 있는지 자연스럽게 깨달을 수 있을 것이다.). 이런 깨달음은 우리 우주와 우주 속에서의 우리의 위치 그리고 물리 법칙의 본질에 대해 근본적으로 새로운 시각을 제공한다.

처음에는 단 몇 개의 수로 상술될 수 있을 정도로 '단순'했던 우리 우주가 팽창하면서 복잡한 구조를 가진 현재의 우리 우주로 진화할 수 있었다는 사실(이 수들이 적당히 '조율'되었다는 사실)은 실로 놀랍다. 자, 이제 원자부터 은하까지 모든 규모에서 이 조율이 어떻게 이루어지는지 살펴보자.

줌 렌즈로 본 우주

몇 미터 거리에서 찍은 남녀의 평범한 '스냅 사진'으로 시작해 보자. 이제부터 그 장면을 단계별로 앞 단계의 10배씩 멀리 떨어진 지점에서 사진을 찍는다고 해 보자. 두 번째 사진은 두 남녀가 기대고 있는 잔디밭을 보여 준다. 세 번째 사진은 그들이 공원에 있는 장면을 보여 준다. 네 번째는 몇몇 높은 빌딩들을 보여 준다. 다음은 전체 도시를 보여 준다. 그 다음 사진은 지구의 지평선이 눈에 띄게 구부러지게 보일 정도로 높은 데서 찍은 장면이다. 두 단계쯤 더 나아가면 1960년대 이후 친숙해진 인상적인 이미지와 만나게 된다. 메마른 표면의 달과는 대조적인 생물권을 가진 지구(대륙과 바다와 구름)의 사진이 그것이다. 세 단계를 더 뛰어넘으면 지구가 수성과 금성 바깥에서 태양 주위를 돌고 있는 내행성계가 등장한다. 다음은 태양계 전체가 보인다. 거기서 네 단계 더 나아가면 (몇 광년 떨어진 곳에서 본 사진), 우리 태양이 그 이웃들 사이에 끼어 있는 하나의 별로 보인다. 세 단계를 더 나아가면 수만 광년이나 펼쳐져 있는 우리 은하의 평평한 원반에서 유사한 별 수십 개를 볼 수 있다. 세 단계를 더 뛰어넘으면 우리 은하가 안드로메다 은하처럼 나선 은하임을 알 수 있다. 훨씬 더 멀리서 보면 이 은하들은 그저 수백 개의 다른 은하들(처녀자리 은하단의 외곽 구성원들) 사이에 있는 두 은하처럼 보인다. 한 단계 더 나아가면 처녀자리 은하단 역시 별로 크지 않은 은하단에 불과함을 알게 된다. 마지막 단계에 도달하면 우리 은하는 수십억 광년 떨어진 자그마한 광점이 된다. 우리 상상 속의 망원 렌즈가 허블 우주 망원경 정도라면 거의 탐지할 수 없을 정도로 작다.

연속 사진은 거기서 끝난다. '인간'의 규모는 수미터에 지나지 않지만 관측 가능한 우주의 경계까지는 인간의 규모에 10을 25번 곱한 것만큼이나 멀리 나아가야 한다.

이제 바깥쪽으로 확대되는 게 아니라 안쪽으로 축소되는 사진들을 보자. 1미터 범위 안에서 우리의 팔을 찍은 사진이 있다. 팔을 안쪽으로 당겨 몇 센티미터 거리에서 찍은 사진에서는 피부의 표면이 보인다. 다음 사진은 세포로 이루어진 미세한 조직을 보여 주며, 그 다음 사진은 각각의 세포를 보여 준다(우리 몸에는 우리 은하에 있는 별보다 100배나 많은 세포가 있다.). 그 다음 사진은 고배율 현미경으로 찍은 것으로 개개 분자의 영역, 즉 길고 복잡하게 뒤얽힌 단백질 섬유와 DNA의 이중 나선을 탐사한다.

여기서 조금 더 확대하면 개개의 원자가 드러난다. 여기서는 모든 것을 모호하게 만드는 양자 효과가 일어난다. 즉 우리가 얻을 수 있는 사진의 선명도에 한계가 생기는 것이다. 실제로 현실 속의 현미경으로는 원자 내부를 탐사할 수 없다. 원자 내부에는 전자들이 양전기를 띤 핵을 에워싸고 있다. 원자핵보다 100배 더 작은 구조는 원자핵을 광속에 가까운 속도로 가속된 다른 입자와 충돌시켜, 그때 일어나는 현상을 조사함으로써 탐사할 수 있다. 우리가 직접 측정할 수 있는 가장 미세한 세계는 여기까지다. 그러나 자연의 본질적인 구조는 17단계의 확대가 더 있어야 그 모습을 드러낼 정도로 작은 규모인 '초끈'이나 '양자 거품'일 것이다.*

우리의 망원경은 초끈(원자 내부에 존재하는 것으로 가정되는 가장 작은 구조)보다 60자리 더 큰 거리까지 관찰할 수 있다. 즉 우리는 배율이 각기 다른 60개의 '줌 렌즈'로 자연을 볼 수 있다(현재 사용 가능한 줌 렌즈는 그중 43개이다.). 물론 우리의 일상 경험(1밀리미터 정도의 물체에서 대륙 간 비행기를 타고 이동하는 거리까지)은 기껏해야 9개의 줌 렌즈면 충분히 볼 수 있다. 이것은 중요하고 놀라운 사실을 가르쳐 준다. 즉 우리 우주는 우리가 일상적으로 느끼는 것보다 훨씬 더 크고 훨씬 더 작은 다양한 구조들을 엄청나게 다양하게 포함한다는 것이다.

큰 숫자들과 다양한 규모들

우리 몸은 $10^{28} \sim 10^{29}$개의 원자로 이루어져 있다. 이 '인간 규모'는 수적으로 보면 원자와 별의 질량 중간에 놓여 있다. 태양의 질량을 채우려면 사람의 몸 속에 있는 원자만큼의 인간이 필요하다. 그러나 태양은 수천억 개의 별이 모여 있는 은하 속에서는 눈에 잘 띄지 않는 평범한 별에 지나지 않는다. 우리 우주에서도 관

● 이렇게 가장 큰 것부터 가장 작은 것까지 우리 우주의 규모를 줌 렌즈를 사용해 단계별로 묘사하는 것은 원래 네덜란드의 키스 비커(Kees Bieke)가 『우주의 관점: 마흔 번 도약의 우주(Cosimic View: the Universe in Forty Jumps)』(1957)에서 처음 소개한 것이다. 그러나 이러한 묘사법이 유명해진 것은 찰스 임스(Charles Eumes)와 레이 임스(Ray Eumes) 부부가 필립과 필리스 모리슨 부부와 함께 제작한 「10의 제곱수들」이라는 제목의 영화와 책을 통해서이다.

측 가능한 범위 안에는 적어도 한 은하 안에 있는 별만큼의 은하가 있다. 우리가 망원경으로 볼 수 있는 범위 안에는 10^{78}개 이상의 원자가 있다.

살아 있는 유기체는 복잡한 구조들이 층층이 배열되어 있다. 원자가 모여 복잡한 분자를 이루고, 이 분자들이 복잡한 경로를 통해 반응하면서 세포를 이루며, 결국 나무나 벌레나 인간을 구성하는 서로 연결된 전체 구조가 된다. 우리는 거시 세계와 미시 세계, 즉 지름이 10억 미터인 태양과 지름이 10억 분의 1미터인 분자의 중간에 걸쳐 있다. 자연이 이런 중간 규모에서 최대의 복잡성에 도달하는 것은 우연한 일이 아니다. 더 큰 것은 중력 때문에 만들어지자마자 붕괴되었을 것이다.

우리는 미시 세계의 영향을 받고 있다는 생각에 익숙하다. 우리는 길이가 100만 분의 1미터인 바이러스의 공격을 받고, DNA의 미세한 이중 나선 분자가 우리의 유전자 전체를 기호화한다. 또한 우리가 태양 같은 거시 세계의 힘에 의존한다는 사실도 분명하다. 그러면 훨씬 더 거대한 규모에서 작용하는 힘들은 우리에게 어떤 영향을 미칠까? 가장 가까운 별도 태양까지의 거리보다 수십만 배는 더 멀리 떨어져 있고, 우리가 알고 있는 우주는 그것보다 수십억 배는 먼 곳까지 뻗어 있다. 우리 태양계 너머가 왜 그렇게 넓은 것일까? 우리는 그 이유를 이해할 수 있을까? 이 책에서 나는 별과 관련된 몇 가지 연구 방법을 설명하고 우주의 환경을 모르고서는 우리의 기원을 이해할 수 없다는 주장을 펼칠 것이다.

원자보다 작은 소립자 세계의 '내부 공간'과 우주의 '외부 공간' 사이의 긴밀한 관계는 그림 1의 오우라보루스(ouraborus)로 설명된다. 『브리태니커 백과사전』에서는 오우라보루스를 "고대 이집트와 그리스의 상징적인 뱀으로 입에 꼬리를 물고 끊임없이 자신을 탐식하는 '동물'"로 묘사한다. 또 "(오우라보루스는) 물질적이든 영적이든 모든 사물의 조화를 표현하며, 결코 사라지지 않지만 파괴와 재창조라는 영원한 순환으로 끊임없이 형태를 변화시킨다."라고 설명하고 있다.

그림 왼쪽에는 원자와 소립자가 있다. 이것은 '양자 세계'다. 오른쪽에는 행성과 별과 은하가 있다. 이 책은 왼쪽의 미시 세계와 오른쪽의 거시 세계 사이의 주목할 만한 상호 연결을 강조할 것이다. 우리의 일상 세계는 원자들과, 그것들이 어떻게 결합되어 분자와 미네랄과 살아 있는 세포가 되는지로 결정된다. 별이 반짝이는 방식은 그러한 원자 내부의 핵에 의존한다. 은하는 엄청나게 많

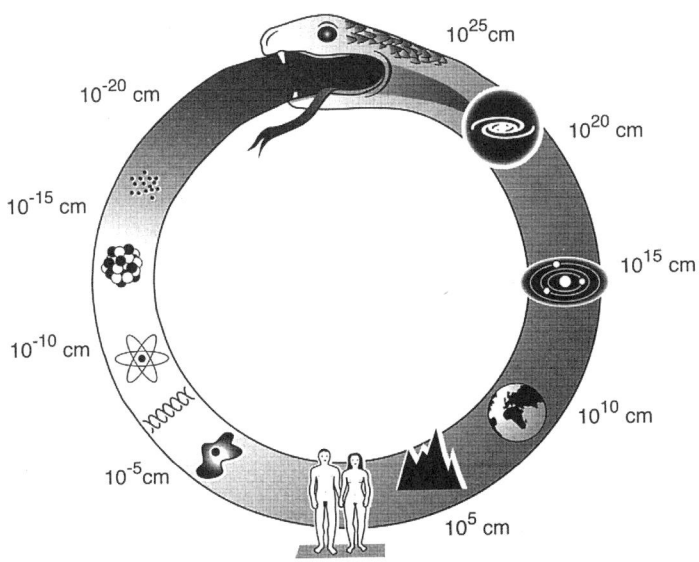

그림 1
오우라보루스. 입자와 핵과 원자들의 미시 세계(왼쪽)와 거시 세계(오른쪽) 사이에는 관련이 있다.

은 소립자의 중력으로 묶여 있다. 아직 찾지는 못했지만 과학자들은 대우주와 양자 세계를 통합하는 이론, 즉 우주를 설명하는 중력 이론과 양자를 설명하는 양자 이론을 통합하는 통일 이론이 있다고 생각하고 있다.

10^{60}에 이르는 길이들이 오우라보루스에 묘사된다. 그런 거대한 범위는 사실 우리가 '흥미'를 가질 수 있는 우주의 필요조건이다. 큰 수가 관련되지 않은 우주는 결코 복잡한 체계를 갖춘 구조로 진화할 수 없다. 분명 그런 우주는 활기가 없었을 것이고 거주하기에 적당하지 않았을 것이다. 그리고 반드시 시간 폭이 길어야 한다. 원자 안의 과정들이 완성되려면 아마 10억의 100만 분의 1초가 걸릴 것이다. 각 원자의 핵 안에서는 사건들이 훨씬 더 빠르게 진행된다. 배아를 피와 뼈와 살로 변환시키는 복잡한 과정들은 분화와 함께 연속적인 세포 분열을 수반하며, 각각은 복잡하게 배합된 분자들의 수천 가지 재편성과 복제를 필요로 한다. 이런 활동은 우리가 먹고 숨 쉬는 한 결코 끝나지 않는다. 그리고 우리의 삶은 전체 생명체 출현의 한 단계인 인류 진화 과정에서도 한 세대에 불과하다.

진화와 관련된 막대한 시간 폭은 '우리 우주가 왜 그렇게 큰가?'라는 물음에 새로운 시각을 제공한다. 지구에 인간 생명이 출현하는 데 45억 년이 걸렸다. 우리 태양과 행성들이 형성되기 전에도 초기의 별들이 원시 수소를 탄소와 산소 같은 주기율표의 다른 원자들로 바꾸었을 게 틀림없다. 이렇게 하는 데 약 100억 년이 걸렸다. 관측할 수 있는 우리 우주의 크기는 대략 대폭발 이후 빛이 여행한 거리고, 따라서 현재 보이는 우주는 지름이 수백억 광년 정도임이 분명하다.

이것은 놀라운 결론이 아닐 수 없다. 우리 우주의 광대함은 처음에는 인간이라는 존재가 우주에서 얼마나 하찮은 존재인지를 의미하는 것처럼 보이지만, 사실은 인간이 존재하기 때문에 우리 우주는 필연적으로 광대할 수밖에 없는 것이다. 이 말은 더 작은 우주가 존재할 수 없었을 거라는 뜻이 아니라 그저 우리가 그 안에 존재할 수 없었을 거라는 뜻이다. 우주 공간은 터무니없이 크지 않다. 우주의 크기는 우리가 무대에 도착하기 전, 우리 태양계가 형성되기 전으로 거슬러 올라가는 장기적인 연쇄 사건의 결과다.

이것은 어쩌면 태양이 지구 주위를 도는 게 아니라 지구가 태양 주위를 돈다는 코페르니쿠스의 폭로로 산산이 부서진 고대의 '인간 중심적 시각'으로 후퇴하는 것처럼 보일지도 모른다. 그러나 우리는 코페르니쿠스처럼 지나치게 겸손한 태도(이것은 인간도, 지구도, 태양도, 우리 은하도 특별하지 않다는 천문학의 중심 생각으로 '평범의 원리'라고 불린다.)를 취할 필요는 없다. 우리 같은 생명체가 진화하려면 특별한 조건들이 필요하므로 우리의 시각은 어떤 의미에서 전형적이지 않을 수밖에 없다. 우리 우주의 광대함이 놀랍지는 않지만, 그 뚜렷한 특징들에 대한 한층 심오한 설명을 찾아야 한다.

우리 우주를 이해할 수 있을까?

이론은 그 지지자들이 모두 죽을 때까지 결코 폐기되지 않으며 과학은 "장례식을 치를 때마다" 발전한다고 물리학자 막스 보른(Max Born)은 말했다. 그러나 이 말은 너무 냉소적이다. 오랫동안 지속되었던 몇몇 우주론 논쟁들은 이제 해결되었다. 초기의 문제들 중 몇몇은 더 이상 쟁점이 되지 않는다. 우리 대부분은 몇 번씩 마음을 바꾸었다. 나는 확실히 그랬다. 사실 이 책은 나 자신도 예전이라면 놀랍다고 생각했을 설명을 담고 있다. 내가 설명할 관점은 널리 공유되고 있지만 나의 해석에 전적으로 수긍하지 않을 사람도 많을 것이다.

우주론은 더 이상 지구의 역사에 관한 이론보다 허약하고 덧없지 않다. 지질학자들은 맨틀 위에 둥둥 떠 있는 대륙들이 손톱이 자라는 속도로 움직이고 있으며, 유럽과 북아메리카가 2억 년 전에는 연결되어 있었다고 추론한다. 우리는 그들을 믿지만 그렇게 긴 시간을 쉽게 이해하지는 못한다. 우리는 또한 생물권이 어떻게 진화했으며 인류가 어떻게 출현했는지에 대한 이야기를 적어도 개략적으로는 믿는다. 그런데 우주론의 몇 가지 중요한 주장들은 이제 확고한 자료로 입증된다. 150억 년 전의 대폭발에 대한 경험적 증거는 지질학자들이 지구의 역사에 대해 제시하는 증거 못지않게 강력하다. 이것은 놀라운 선회다. 우리 조상들은 우주에 대해 사실과 거의 관련이 없는 이론들을 만들어 냈고 아주 최근까지 우주론은 수학적인 공론에 지나지 않는 것처럼 보였다.

수년 전에 이미, 나는 대폭발이 정말로 있었다고, 즉 관측 가능한 우리 우주 안의 모든 것이 태양 중심보다도 훨씬 더 뜨거운 고밀도의 불덩어리에서 시작되었다고 90퍼센트 확신했다. 이런 입장은 이제 훨씬 더 확고하다. 1990년대에 관측과 실험이 극적으로 발전하면서 현대의 우주론자들은 광대한 우주를 한 장의 지도로 압축할 수 있게 되었다. 나는 이제 99퍼센트까지 확신한다.

아인슈타인의 가장 유명한 말 가운데 하나인 "우주의 가장 이해할 수 없는 점은 그것이 이해될 수 있다는 사실이다."는 인간이 이해할 수 있는 물리 법칙들이 지구뿐만 아니라 가장 먼 은하에도 적용된다는 놀라움의 표현이다. 뉴턴은 사과를 떨어뜨리는 힘이 달과 행성들을 움직인다는 사실을 우리에게 가르쳐 주었다. 우리는 이제 바로 그 힘이 은하들을 묶고 있으며, 일부 별들을 블랙홀 안으로 끌어당기고 결국 안드로메다 은하와 우리 은하를 충돌시킬지도 모른다는 사실을 알고 있다. 가장 먼 은하 안의 원자도 우리가 실험실에서 조사할 수 있는 원자들과 동일하다. 우주의 모든 부분은 같은 기원에서 시작해 유사한 방식으로 진화하고 있는 것 같다. 이런 균일성이 없었다면 우주론은 성공하지 못했을 것이다.

최근의 발전은 우리 우주의 기원과 그것을 지배하는 법칙, 그리고 우주의 마지막 운명에 대한 새로운 미스터리에 초점을 맞춘다. 이것은 대폭발 이후 처음 몇 분의 1초와 관련된다. 이 시기의 조건은 현대 물리학으로는 설명할 수 없을 정도로 극단적이었다. 우리는 그 순간의 시간의 성질과 차원의 수, 그리고 물질의 기원에 대해 알고 싶어 한다. 이 태초의 순간에는 모든 것이 엄청난 밀도로 압착되어 있었다. 오우라보루스 그림에 표현된 거시 세계와 미시 세계의 문제들이 모두 겹쳐 있을 정도였다.

공간을 무한히 나눌 수는 없다. 세부는 여전히 알 수 없지만 대부분의 과학자들은 10^{-33}센티미터 규모인 낟알 모양의 그 무엇이 있다고 생각한다. 이것은 원자핵의 10^{20}분의 1밖에 되지 않는 작은 크기로, 줌 렌즈의 초점을 대도시에서 원자핵으로 맞추는 것만큼이나 급격한 감소다. 우리는 이제 훨씬 더 작은 구조가 있다고 해도 그것이 공간과 시간에 대한 우리의 개념을 넘어서 버린다는 장벽에 부딪힌다.

가장 큰 규모는 어떨까? 대폭발 이후 100억 년이 지났는데도 그곳에서 나온 빛이 아직 우리에게 도달하지 못한 영역이 있을까? 분명히 말하면 직접적인 증거는 없다. 그러나 우리 우주의 범위(우주는 공간적으로 얼마나 크고 시간적으로 언제까지 존재할 수 있을까?)에 대한, 그리고 아마도 먼 미래에 보게 될 모습에 대한 이론적인 경계는 없다. 사실 그것은 우리가 현재 관측할 수 있는 영역보다 그저 수십만 배 정도가 아니라 10의 수십만 제곱 배나 더 클지도 모른다. 그것만이 아니다. 우리 우주는 어쩌면 우리의 현재 지평선 훨씬 너머까지 뻗어 있으며, 무한히 존재하는 개별 우주들로 이루어진 전체의 한 구성원에 불과한지도 모른다. 이러한 '다우주(multiverse)' 개념은 순전히 이론에 지나지 않는다. 그러나 이것은 현재의 우주론을 확장했을 때 자연스럽게 도출되는 결론 중 하나다. 우리가 현재의 관측 결과를 설명해 주는 우주론을 신뢰한다면 그것을 확장시킨 결론을 믿어 보는 것도 그리 위험한 도박이 아닐 것이다. 다른 우주에서는 물리 법칙과 기하학이 다를 수 있다. 다우주 개념은 여섯 개의 수가 우리 우주 안에서 취하는 특별한 값들이 왜 '특별'한지를 깨닫게 해 준다.

2
우리의 현주소 I: 별과 행성과 생명

빌어먹을 태양계. 빛은 충분하지 않고, 행성들은 너무 멀고, 혜성에 시달리는 허약한 체계. 나라면 더 잘 만들었을 텐데.

―제프리 경

원시 행성들

오리온자리에는 태양을 수만 개 만들고도 남을 원자들을 함유한 거대한 구름이 있다. 그 일부는 밝은 푸른색 별들의 빛을 반사시켜 빛을 내는 성운이다. 나머지는 차갑고 어두운 먼지다. 그 안에는 빛을 내지는 않지만 적외선 탐지기를 장착한 망원경으로 발견할 수 있는 열을 내는 따뜻한 방울들이 있다. 이 방울들은 언젠가는 별이 될 것이다. 하지만 아직은 '원시별'이며, 자체 중력 때문에 수축하고 있다. 이 방울들은 기체와 먼지 원반에 둘러싸여 있다.

이 원반들은 전혀 뜻밖의 존재가 아니다. 오리온자리의 먼지 구름은 대부분의 성간 공간보다 빽빽하기는 해도 여전히 매우 성기다. 별이 되기 위해서는 이 기체 일부의 밀도가 10억의 10억 배로 증가할 정도로 많이 수축해야 한다. 가벼운 회전이라도 중력 붕괴가 있으면 계속 가속된다(피겨 스케이트 선수가 벌렸던 양팔을 안으로 모을 때 회전 속도가 증가해서 더 빨리 도는 것을 생각하면 된다.). 결국 원심력 때문에 모든 물질이 별에 들어가지 못한다. 나머지 물질은 별이 다시 형성될 때마다 주위에서 회전한다. 그 결과 만들어진 원반들이 행성계의 전신이다. 먼지 입자는 자주 충돌해서 서로 들러붙어 울퉁불퉁한 덩어리가 된다. 이 덩어리가 다시 합쳐져서 더 큰 덩어리가 되고 그것들이 병합해서 행성이 된다. 우리 태양계는 이런 과정을 거쳐 '원시 태양 원반'으로부터 형성되었다. 다른 별들도 우리 태양과 비슷하게 형성되었다. 따라서 그 별들 역시 주위를 돌고 있는 행성을 거느리고 있으리라고 생각하는 것은 당연하다.

이 시나리오는 갓 형성된 별 주위에서 발견된 원반을 실제 증거로 내세우면서, 행성의 형성을 드물고 특별한 사건으로 생각하는 20세기 초의 '대격변' 이론을 대신했다. 대격변 이론에서는 우리 태양이 다른 별과 가까워진 적이 있으며(별들은 보통 서로 멀리 떨어져 있기 때문에 서로 가까워진다는 것은 대단히 드문 사건이다.) 이 별의 중력적 인력이 태양으로부터 가스 기둥을 뽑아내고 그 기둥이 '구슬 모양'으로 응축해서 행성이 되었다고 설명한다.

과거의 천문학자들은 오늘날의 우리와 마찬가지로 다른 태양계를 부정하지 않았다. 1698년에 광학 분야에서 선구적인 연구를 한 네덜란드의 과학자 크리스티안 호이겐스(Christiaan Huygens)는 이렇게 썼다. "이 별들과 태양 모두 우리 태양처럼 행성이라는 거대한 하인을, 그리고 그 행성을 섬기는 위성을 가져야 하지 않을까?"

행성 사냥

다른 별의 주위를 돌고 있는 완성된 행성은 그 전신보다 발견하기가 더 어렵다. 1990년대 말 천문학의 진정한 하이라이트는 행성이 정말로 흔하다는 강력한 증거가 처음으로 발견된 것이었다.

원리는 매우 간단하다. 예를 들어 40광년 거리에서 우리 태양을 보는 관측자는 지구 최대의 망원경만큼 강력한 망원경을 사용해도 그 주위를 돌고 있는 행성을 전혀 볼 수 없다. 그러나 태양에서 나온 빛을 조심스럽게 측정하면 목성(가장 무거운 행성)의 존재를 추론할 수 있다. 이것은 태양과 목성 모두 그들의 질량 중심 주위를 돌고 있기 때문이다.

두 물체의 질량이 서로 같을 경우 두 물체는 질량 중심으로부터 같은 거리에 위치한다. 이때 한쪽 물체가 무거워지면 질량 중심은 무거운 물체 쪽에 가까워진다. 태양은 목성보다 1,047배나 무겁다. 따라서 태양과 목성의 질량 중심은 목성의 중심보다 태양의 중심에 두 천체의 질량비만큼 가깝다(사실 질량 중심은 태양 내부에 놓여 있다.). 결과적으로 태양은 목성보다 1,000배 정도 느리게 움직인다. 태양의 실제 운동은 다른 행성들이 유발한 여분의 흔들림 때문에 더 복잡해지지만 목성은 가장 무거운 행성이므로 단연 지배적인 영향을 미친다. 다른 행성에서 나온 빛을 매우 신중하게 분석함으로써, 천문학자들은 다른 별들의 움직임에서 작은 '흔들림'을 발견했다. 이 흔들림은 목성이 우리 태양에 일으킨 것처럼 그 별들의 주위를 도는 행성들이 일으킨 운동이다.

별에서 나온 빛을 프리즘에 통과시키면 스펙트럼을 만든다. 이 스펙트럼은 별을 구성하는 다양한 종류의 원자(탄소, 나트륨 등)들이 각각 독특한 색깔의 빛을 흡수·방출하기 때문에 어떤 패턴을 형성한다. 별이 우리에게서 멀어지면, 이 스펙트럼 패턴은 동일한 원자들이 실험실에서 만들어 내는 스펙트럼과 비교해 붉은색 쪽으로 이동한다. 이것이 유명한 도플러 효과다(경찰차가 멀어지면 사이렌 소리가 더 낮아지는 것처럼 빛에서도 같은 현상이 일어난다.). 별이 가까워지면 스펙트럼이 푸른색 쪽으로 이동한다. 제네바 천체 관측소의 두 천문학자 미셸 메이어(Michel Mayor)와 디디에 쿠엘로스(Didier Queloz)는 1995년에 우리 태양과 닮은 가까운 별 페가수스 51번 별의 도플러 이동이 마치 원을 돌고 있는 것처럼 아주 약간 올라갔다 내려갔다 하는 것을 발견했다. 즉 별이 우리에게 다가왔다가 멀어지고 다시 다가오는 식으로 규칙적으로 변화하고 있었다. 별의 이동 속도는 초속 50미터 정도였다. 두 사람은 페가수스 51번 별 주위에 목성 크기의 행성이 돌고 있어서, 페가수스 51번 별이 합동 체계의 질량 중심을 축으로 해서 돌도록 만들기 때문이라고 추론했다. 만약 이 보이지 않는 행성의 질량이 페가수스 51번 별 질량의 1,000분의 1이라면 궤도 속도는 별이 움직이고 있는 속도보다

1,000배 빠른 초속 50킬로미터가 될 것이다.

캘리포니아에서 일하는 제프리 마시(Geoffrey Marcy)와 폴 버틀러(Paul Butler)는 1990년대 말에 활약한 뛰어난 행성 사냥꾼들이다. 그들의 장비는 1억 분의 1보다도 작은 파장 변화까지 기록할 수 있었다. 따라서 그들은 속도가 광속의 1억 분의 1 정도(초속 3미터)에 불과할 때도 도플러 효과를 측정할 수 있었고, 그 덕분에 항성 주위를 돌고 있는 많은 행성의 증거를 찾았다. 이렇게 추론된 행성들은 모두 목성만 하다. 그러나 이것은 행성 사냥꾼들이 수행한 측정이 제한된 감도 안에서만 이루어질 수 있었음을 뜻할 뿐이다. 목성보다 수백 배 작은 지구형 행성은 초속 수센티미터에 불과한 운동을 일으키며 그에 따른 도플러 이동도 100억 분의 1 정도에 불과하다. 이런 행성은 너무 작아서 더 큰 행성을 발견했던 기술로는 식별할 수 없다.●

말이 난 김에 이 행성 사냥꾼들이 사용한 망원경은 거울 지름이 2미터밖에 되지 않는 보통의 것이라는 사실에 주목해야 한다.

● 현재 개발 중인 새로운 방법은 궤도의 '흔들림'을 추적할 정도로 별의 위치를 정확하게 반복적으로 측정하는 것이다. (도플러 방법은 시선 방향을 따라 전후로 움직이는 운동을 측정하는 데 반해, 이 방법은 하늘 평면을 가로지르는 운동을 포착한다.)

중요한 발견을 하기 위해 반드시 가장 크고 가장 비싼 장비가 필요한 게 아니라는 사실은 기분 좋은 일이다. 그러나 초대형 프로젝트에 따른 과대 선전 때문에 때로 그 사실이 분명히 드러나지 않기도 한다. 끈질기고 독창적인 과학자들은 혁신적이지만 수수한 지상 장비로 많은 일을 해낼 수 있다.

우리 태양계의 현재 배치는 많은 '사건들'의 결과다. 지구의 궤도를 가로지르는 궤도를 갖고 있는 울퉁불퉁한 소행성들은 여전히 매우 위협적이다. 예를 들어 멕시코 만의 칙슐럽 근처에 거대한 해저 운석공을 남긴 지름 10킬로미터 소행성의 충돌이 6500만 년 전에 공룡들의 운명을 결정한 세계적인 기후 변화를 일으켰는지도 모른다. 그보다 작지만 국지적인 파괴를 일으킨 충돌들은 더 흔했다. 태양계에 형성된 최초의 원시 행성체들이 지금은 대부분 파괴되거나 추방된 것으로 보아 태양계가 만들어진 지 얼마 되지 않았을 때에는 충돌이 더 잦았을 것이다. 우리 달은 또 다른 원시 행성과의 충돌로 지구에서 떨어져 나갔다. 달 표면의 깊은 크레이터들은 태양계 초기의 격렬했던 역사를 말해 준다. 천왕성은 아마도 형성된 직후에 파괴적인 충돌을 겪은 듯하다. 그렇지 않다면 궤도평면에 수직인 축을 중심으로 자전하는 다른 행성들과 달리 궤도 평면과 거의 평행한 축을 중심으로 자전하는 까닭을 이해하기 어렵다. 우주 탐사선들이 찍은 사진들은 우리 태양계의 행성들(그리고 그 행성들의 큰 위성들)이 경이로운 세계임을 보여 준다.

다른 행성계가 우리 태양계와 똑같은 수의 행성을 갖고 똑같은 배치를 하고 있을 것 같지는 않다. 이미 발견된 행성계들 가운데 몇 개는 목성형의 커다란 행성과 모성의 거리가, 우리 태양계의 수성(우리 태양계에서 가장 안쪽에 있는 구성원)과 태양의 거리보다 더 가깝다. 이러한 결과는 부분적으로는 관측의 편향 때문이다. 즉 공전 주기가 짧고 무거운 행성들이 더 쉽게 발견되기 때문이다. 이미 발견된 무거운 행성들은 더 작은 지구형 행성들과 함께 행성계를 이루고 있을지도 모른다.

다소 특별한 행성들만이 어떤 면에서든 지구와 유사한 생물을 품을 수 있을 것이다. 일단 중력이 강해서 대기가 우주 공간으로 떨어져 나가지 않아야 한다(만약 달이 대기를 가진 적이 있다면 달의 중력이 약해서 대기가 떨어져 나갔을 것이다.). 표면에 물이 존재하려면 행성은 너무 뜨겁지도 너무 차갑지도 않아야 하며, 따라서 태양과 같은 항성에서 적당한 거리만큼 떨어져 있어야 한다. 행성의 궤도도 안정해야 한다(예를 들어 어떤 행성의 공전 궤도에 편심 궤도를 그리며 움직이는 목성형 행성이 계속 지나간다면 그 궤도는 안정하지 않을 것이다.). 행성 사냥꾼들의 높은 '명중률'은 우리 은하에 있는 태양 같은 대다수의 별 주위를 행성들이 돌고 있다는 사실을 암시한다. 이 수십억 개의 후보들 가운데 젊은 지구와 유사한 행성들이 많지 않다면 오히려 놀라운 일일 것이다.

미국 NASA의 수석 연구원인 대니얼 골딘(Daniel Goldin)은 지구형 행성의 탐색(그저 간접적으로 추론하기보다는 그것들의 실제 모습을 묘사하려는 탐색)이 우주 계획의 주요 목적이 되어야 한다고 주장했다. 그저 그러한 희미한 점(칼 세이건(Carl Sagan)은 "창백한 푸른 점"이라고 말했다.)의 발견도 15년은 걸릴 난제다. 행성을 발견하기 위해서는 우주 공간에 망원경을 대량으로 배치해야 한다.

먼 세계에서 오는 희미한 빛은 구름의 양과 표면의 성질(육지인지 바다인지)은 물론이고 낮과 밤, 계절 변화에 대한 정보까지 알려 준다. 우리는 행성 빛의 스펙트럼으로부터 그 대기 안에 어떤 기체가 존재하는지 추론할 수 있다. 지구의 대기에는 산소가 풍부하다. 지구의 대기 조성은 처음에는 그렇지 않았지만 지구의 역사 초기에 원시 박테리아에 의해 변형되었다. 가장 흥미로운 문제는 이런 일이 다른 행성에서도 일어났을 것인가 하는 점이다. 즉 알맞은 환경을 제공했을 때 어떤 행성에서 간단한 생물이 출현해서 생물권을 만들 확률은 얼마나 될까?

물질부터 생명체까지

우리 태양계 외에 또 다른 행성계가 있다는 사실을 확실히 알게 된 것은 21세기에 들어선 최근 5년 동안에 일어난 일이다. 그러나 우리는 여전히 그러한 세계에 살아 있는 생명체가 있는지, 없는지는 전혀 모른다. 이 질문은 천문학자들에게 던지는 질문이 아니라 생물학자들에게 던지는 질문이다. 이 질문에 대답하기는 매우 어려우며 전문가들 사이에서도 의견이 엇갈린다.

지구의 생명체는 엄청나게 다양한 영역을 차지하고 있다. 깊은 해저에 있는 뜨거운 유황성 용출구 주변의 생태계는 햇빛조차도 생명 탄생의 필수 조건이 아님을 말해 준다. 우리는 여전히 생명체가 어디서 어떻게 시작되었는지 모른다. 이제 바짝 마른 화산이 다윈의 "따뜻한 작은 연못"보다 더 선호된다. 생명은 지하 깊숙한 곳이나 우주 공간의 분자 구름에서도 탄생할 수 있었을 것이다.

우리는 생명체가 지구에서 출현하지 않을 확률이 얼마인지도, 그런 일이 '자연적인지', 혹은 어떤 사건들을 필요로 하는지도 알지 못한다. 그러한 지구 생명을 낳은 연쇄적 사건은 우리 은하의 다른 행성에서는 절대로 일어날 수 없는 일일지도 모른다. 아주 간단한 형태의 생명이라도, 우리 태양계의 다른 어디에서든 생명체를 발견하는 게 그토록 어려운 것은 바로 그 때문이다. 화성은 19세기부터 지금까지 주요 관심 대상이다. 몇 년 뒤면 이 '붉은 행성' 화성에 파견된 우주 탐사 로봇 함대가 표면을 분석하고 상공을 비행한 다음 표본을 가지고 지구로 귀환할 것이다. 어쩌면 생명체는 목성의 위성인 유로파와 얼음으로 뒤덮인 칼리스토의 바다에 존재할 수도 있다. 이 얼음 밑을 탐험하기 위해 잠수 탐사 로봇을 상륙시킬 계획도 있다.

만약 우리 태양계에서 생명체가 두 번 출현했다면, 그것은 우리 은하 전체가 생명체로 가득 차 있음을 암시한다. 물론, 그 형태가 극단적으로 단순할 수도 있고 복잡할 수도 있다. 그러나 이러한 중대한 결론에는 두 생명계가 독립적 기원했어야 한다는 단서가 붙는다. 이것은 중요한 조건이다. 예를 들어 지구인은 모두 운석을 타고 지구로 날아온 화성 생명체의 후예일지 모른다. 거꾸로 화성에서 지구에서 날아간 운석이 화성에 생명의 씨앗을 뿌렸을지도 모른다!

간단한 생명체부터 지적 존재까지

우리는 인류를 지구에 출현시킨 복잡한 역사와 우연성을 적어도 개략적으로는 알고 있다. 10억 년 동안, 원시 생물들이 산소를 내뿜어 젊은 지구의 독성 대기를 생물이 살 만한 상태로 변화시키고 다세포 생물을 위한 길을 개척했다. 화석 기록은 헤엄치고 기어 다니는 생물들이 5억 5000만 년 전인 캄브리아기에 진화했다는 사실을 말해 준다. 다음 2억 년 동안 육지는 녹화되어 갈매기만큼 큰 잠자리와 길이가 1미터나 되는 노래기와 전갈과 양서류 같은 색다른 동물군의 서식지가 되었다. 그 다음에는 과거에는 둔하고 굼뜬 존재로 묘사되었지만 「쥐라기 공원」 같은 영화를 통해 역동적인 존재로 그려진(현재의 과학적 견해와 일치한다.) 공룡이 출현했다. 공룡은 역사 속에서 멸종된 모든 종들 가운데 가장 인상적인 방식으로 절멸했다. 즉 소행성이 지구에 충돌해 거대한 해일을 일으키고 수년 동안 하늘을 어둡게 하는 먼지를 던져 올렸던 것이다. 공룡의 멸종으로 결국 포유류와 그 후손인 인류가 번성할 수 있는 길이 열리게 되었다.

원시 생물의 진화 과정을 이해했지만 지적 생물의 등장은 여전히 미해결 문제로 남아 있다. 색다르게 진화한 종(지금은 거의 모두가 멸종했다.)이 그 긴 시간 동안 우리의 생물권 곳곳에서 헤엄치고 기어 다녔다. 지적 존재는 시간과 가능성의 결과다. 즉 진화가 재연된다면 결과는 다를 것이다. 그 어떤 것도 지적 존재의 출현을 예정하지 못하는 것 같다. 사실 일부 주요 진화론자들은 단순한 생명체가 우주에 널리 퍼져 있어도 지적 존재는 극도로 드물 것이라고 믿고 있다. 그 가능성을 평가하기에는 우리가 알고 있는 게 너무 적지만 그렇다고 그 믿음을 완전히 부정할 만한 근거도 없다.

생물 진화의 놀랍고 매혹적인 복잡성과 지구 생물의 다양성은 생명이 없는 세계가 대단히 단순하다는 사실을 깨닫게 해 준다. 그리고 이런 단순성, 혹은 적어도 상대적인 단순성이 천문학자가 연구하는 천체의 특징이다. 생물을 이해하기 어려운 까닭은 복잡함 때문이지 크기 때문이 아니다. 원자들이 어떻게 스스로를 조립해서 그 기원을 숙고할 수 있을 정도로 복잡한 생물을 만드는지를 완벽하게 밝히는 것은 우주론의 어떤 문제보다도 어렵다. 따라서 나는 우리의 대규모 우주를 이해하려는 시도가 주제넘은 일이라고는 생각하지 않는다.

'생명체가 사는 세계가 많다.'는 생각은 오랫동안 순전히 이론적인 사색가들의 것이었다. 2000년은 로마에서 화형당한 조르다노 브루노(Giordano Bruno)가 사망한 지 400년이 되는 해였다. 그는 이렇게 믿었다.

> 우주 공간에는 수많은 별자리와 항성과 행성이 있다. 우리가 항성만 볼 수 있는 까닭은 그것들이 빛을 내기 때문이다. 행성은 작고 어둡기 때문에 보이지 않는다. 또한 그들의 항성 주위에는 우리 지구 같은 수많은 지구들이 돌고 있다. 왜냐하면 이성적 존재라면 우리의 지구보다 훨씬 더 근사한 천체에 우리 인간과 유사하거나 훨씬 더 고등한 생물이 살고 있으리라고 충분히 생각할 수 있기 때문이다.

브루노의 시대 이후에도 이런 믿음은 널리 공유되었다. 18세기에, 천왕성을 발견한 위대한 천문학자 윌리엄 허셜은 행성과 위성, 그리고 심지어 태양에도 생물이 살 수 있다고 생각했다. 1880년대에 미국의 부호 퍼시벌 로웰(Percial Lowell)은 화성을 연구하기 위해 애리조나 주 플래그스태프에 사설 천문대를 세웠다. 그는 화성 표면의 '운하들'(이제는 사람의 희망과 광학적 착시가 빚어낸 현상에 불과한 것으로 생각되고 있다.)이 얼어붙은 극관에서 적도대의 '사막'으로 물을 흘려보내기 위한 관개망이라고 믿었다. 1900년 프랑스의 한 재단은 외계인과 최초의 계약을 맺은 사람에게 10만 프랑의 구즈만(Guzman) 상금을 주겠다고 제안했다. 하지만 여기에서 화성은 제외되었다. 화성인을 찾아내는 것이 너무 쉬운 일로 여겨졌기 때문이다.

외계인과 우리의 공통 문화

외계 지적 생명체 탐사(SETI)에는 캘리포니아 주 마운틴 뷰에 있는 SETI 연구소의 과학자들이 앞장서고 있다. 그들은 전파 신호 탐색에 노력을 집중해 왔으며, 전 세계의 다양한 대형 전파 망원경을 사용하고 있다. 이런 노력은 또한 칼 세이건의 과학 소설인 『콘택트(Contact)』를 통해 대중에게도 익숙한 것이 되었다. 그러나 우리가 활용할 수 있는 주파수대가 전파 대역만은 아니다. 강력한 레이저는 적은 양의 전력만으로도 별에서 다른 별까지 신호를 보낼 수 있다. 원하기만 한다면 이런 방법들 가운데 어느 하나를 이용해 우리의 존재를 몇 광년 떨어진 곳에 알릴 수 있다. 현재 그만 한 기술을 우리는 이미 갖고 있다. 사실 모든 전파 발신기와 레이더 등을 결합하면, 감도가 뛰어난 전파 망원경을 소유한 외계인에게 우리의 존재를 드러낼 신호를 보낼 수 있다. 생명체를 발견하는 데 어떤 방법이 가장 좋을지 가늠하기 어려울 정도로 우리는 그 기원과 가능성에 대해 아는 게 거의 없다. 따라서 이용할 수 있는 모든 기술을 이용하고 모든 가능성에 주의를 기울이는 게 현명하다. 그러나 '관측적 선택'을 염두에 두어야 한다. 설사 무언가를 발견한다고 해도 우리는 그것이 '전형적'이라고 말할 수 없다. 왜냐하면 우리의 장비와 기술로는 실제로 저 너머에 있을지도 모르는 존재를 편향되고 불완전하게 선택해서 발견할 수밖에 없기 때문이다.

다른 곳에는 지적 생명체가 존재하지 않을지도 모른다. 설령 존재한다고 해도, 물로 뒤덮인 세계에서 사색적인 해양 생활을 즐기면서 정체를 드러낼 필요가 전혀 없는 슈퍼 돌고래 같은 존재일지도 모른다. 성공 가능성은 적지만 외계 지적 생명체 발견의 철학적 의미를 고려하면 인공 신호를 체계적으로 조사하는 것은 시간과 노력을 기울일 만한 가치가 있는 모험이다. 뚜렷한 인공 신호는, 그것이 설사 소수의 목록이나 '원주율'의 숫자만큼이나 지루하다고 해도 '지적 생명체'가 지구뿐만 아니라 다른 곳에서도 진화했다는 사실을 의미할 것이다. 지적 생명체가 존재할 가능성이 높은 곳 중에서 가장 가까운 장소도 신호가 전달되는 데 수년이 걸릴 정도로 멀리 떨어져 있다. 이런 이유만으로도 발신은 주로 일방적이다. 신중한 회신을 보낼 시간은 있지만 신속하고 재치 있게 응답할 기회는 없다!

우리와 통신할 수 있는 먼 존재는 우리와 비슷한 수학 개념과 논리를 갖고 있을 것이다. 그리고 우리 우주를 지배하는 기본 입자와 힘에 대한 지식도 공유할 것이다. 그러나 그들의 거주지는 지구에 있는 우리의 거주지와 매우 다를 것이다(그리고 생물권은 훨씬 더 다를 것이다.). 그러나 그들과 그들의 행성은 지구에 존재하는 것과 똑같은 원자들로 이루어져 있을 것이다. 우리와 마찬가지로 그들에게도 가장 중요한 입자는 양성자와 전자일 것이다. 전자 1개가 양성자 1개의 주위를 돌고 있으면 수소 원자가 되고, 전류와 전파 발신기는 전자의 흐름을 필요로 한다. 양성자는 전자보다 1,836배 더 무겁고, 1,836이라는 숫자는 전파 신호를 보낼 수 있고 흥미를 느끼는 어떤 '지적 생명체'에게도 똑같은 의미를 지닐 것이다. 모든 기본 힘과 자연 법칙도 똑같을 것이다. 사실 이런 균일성(이것이 없다면 우리 우주는 훨씬 더 이해할 수 없는 장소가 될 것이다.)은 천문학자가 연구할 수 있는 가장 먼 은하까지 확장되는 것 같다(그러나 이 책의 뒷장에서는 우리가 사용할 수 있는 망원경의 관찰 가능 범위 너머에 있고, 아마도 다른 법칙이 지배하는 다른 '우주들'에 대해 서술할 것이다.).

분명히 외계 존재는 미터(m)나 킬로미터(km)나 초(sec)를 사용하지 않을 것이다. 그러나 우리는 두 질량의 비(양성자와 전자 질량의 비 같은)나 두 길이의 비에 대한 정보는 교환할 수 있다. 질량과 길이는 어떤 단위를 사용하는가에 따라서만 달라지는 '순수한 수'다. 즉 어떤 막대가 또 다른 막대보다 10배 더 길다는 말은 우리가 피트나 미터나 어떤 외계의 단위로 재든 참(혹은 거짓)이다. 리처드 파인만(Richard Feyman)이 지적했듯이, 우리는 외계인들에게 자신의 키가 '원자 170억 개를 쌓아 올린 높이'라고 말할 수 있고, 그들은 그 말을 이해할 것이다.

우리와 지적 유사성이 전혀 없는 '지적 생명체'도 존재할 수 있다. 그러나 우리에게 신호를 보내는 존재라면 어느 정도 자신들의 물리 환경을 제어할 수 있는 능력을 획득했을 게 틀림없다. 만약 사고력이 있다면 그들은 분명 우리 모두가 출현한 우주의 '발생 사건'에 대해 우리와 똑같이 호기심을 가지고 있을 것이다. 그들은 아마도 우리 우주가 어떻게 별과 은하로 구성되었으며, 그 안에 무엇이 있는지, 그것이 어떻게 팽창하고 있는지, 그리고 최후의 운명은 어떻게 될지에 관심이 있을 것이다. 이런 일들은 우리가 어떤 외계인과도 공유할 공통 문화의 일부다. 그들도 우리처럼 몇 개의 중요한 수가 우리가 공유하는 우주 환경에서 매우 중요하다는 사실에 주목할 것이다.

    이러한 수들 가운데 여섯 개가 이 책의 주제다. 그 수들은 우리 우주의 중요한 특징들, 즉 우리 우주가 어떻게 팽창하며, 행성과 별과 은하가 형성될 수 있는지, 그리고 진화에 알맞은 '화학'이 있는지를 결정한다. 더욱이 우리 우주의 성질은 이 수들에 매우 민감하다. 여섯 개의 다이얼을 조정해서 어떤 우주를 설계한다고 해 보자. 생명체가 살 수 있는 우주를 만들기 위해서는 정확한 조율이 이루어져야만 한다. 이것이 섭리일까? 아니면 우연의 일치일까? 이 수들이 우주를 독특하게 결정하는 '모든 것의 이론'의 결과일까? 이런 해석 중 어떤 것도 그다지 매력적이지는 않은 것 같다. 대신 나는 이 명백한 '조율'이 훨씬 더 놀랄 만한 무언가를 암시한다고 생각한다. 즉 관측 가능한 우리 우주(우리가 망원경으로 볼 수 있는 모든 것)는 어떤 전체의 일부에 불과하며, 그 전체에는 다양한 물리 법칙들이 있다고 생각한다. 그저 추측일 뿐이지만 이것은 우리가 갖고 있는 최고의 이론들과 모순이 없다.

우리는 지구가 태양의 주위를 도는 것과 마찬가지로, 다른 별의 주위에도 행성이 돌고 있다는 사실을 알고 있다. 우리는 그 행성이 어떤 거주지를 제공할지 궁금해 한다. 그 행성의 중력은 대기를 붙들어 놓기에 너무 약할까? 그 행성은 생명체가 살 수 없을 정도로 뜨겁거나 차거나 건조할까? 어쩌면 생명체가 사는 데 도움이 되는 환경을 제공하는 행성은 몇 개 안 될지도 모른다. 빛이 결코 도달할 수 없는 훨씬 더 큰 규모에서 생각하면 우리가 관측할 수 없는 수많은 다른 우주가 있는지도 모른다. 그 우주에서도 우리의 '고향' 우주에서 일어난 것 같은 진화가 또 일어날 수 있을까? 그런 우주들 각각마다 이 여섯 개의 수는 다를 수 있다. 그렇다면 생명체가 살기에 '적합하게 조율되어' 있는 우주는 단 몇 개뿐일 것이다. 우리가 중력 때문에 대기를 보유할 수 있고 물이 존재할 수 있는 온도를 가지고 있으며 수명이 긴 안정한 별의 주위를 돌고 있는 다소 특별한 행성에서 살게 된 걸 놀라워하지 않는 것처럼, 우리 우주에서 이 수들이 신이 손을 댄 것처럼 조율되어 있는 것에 놀라지는 않을 것이다.

이론으로 개미를 만들 수 있을까?

기린은 어떤 계획으로 만들어졌을까?

모든 분야의 박사 1만 명이 모이면

정글의 생명체들을 절반이라도 설명할 수 있을까?

— 존 차디

뉴턴의 시계 장치

다른 행성에 사는 지적 존재와 대화하려고 한다면 중력이라는 화제에서 시작하는 게 당연하다. 중력은 행성이 궤도를 벗어나지 못하도록 붙잡고 별을 결합시키는 힘이다. 훨씬 더 큰 규모에서, 수십억 개의 별들이 모인 은하들도 중력의 지배를 받는다. 어떤 물질도, 어떤 종류의 입자도, 심지어 빛 자체도 그 손아귀에서 벗어날 수 없다. 중력은 우주 전체의 팽창과 어쩌면 그 마지막 운명까지도 제어한다.

중력은 여전히 심오한 미스터리를 제기한다. 그것은 자연의 다른 어떤 기본 힘보다도 복잡하다. 뉴턴은 17세기에 두 물체 사이의 인력은 '역제곱 법칙'을 따른다고 말했다. 이 힘은 두 물체 사이의 거리의 제곱에 비례해서 약해진다. 즉 거리가 두 배 멀어지면 인력은 네 배 더 약해진다. 뉴턴은 사과를 떨어뜨리고 포탄의 궤적을 지배하는 힘이 달을 지구 주위의 궤도에 묶어 두는 바로 그 힘이라는 사실을 깨달았다. 그는 자신의 법칙이 행성의 타원 궤도를 설명한다는 사실을 입증했다. 이것은 자연계의 '시계 장치'를 예측하는 수학의 강력한 힘을 보여 준 사례였다.

1687년에 출간된 뉴턴의 위대한 저서 『프린키피아(*Principia*)』는 주로 기하학 종류의 복잡한 정리들을 다룬 세 권짜리 라틴 어 책이다. 이 책은 1000년에 한 번 나올까 말까 할 정도로 뛰어난 과학자의 기념비적 작품이다. 범접하기 어려운 엄격한 문체(그리고 개성)에도 불구하고, 뉴턴은 철학자와 시인은 물론, 수많은 사람들에게 막대한 영향을 미쳤다. 예를 들어 1737년에는 『숙녀들을 위한 뉴턴주의(*Newtonianism for Ladies*)』라는 제목의 책이 출간되었다. 그의 중력 이론의 정수는 『세계의 체계(*The System of the World*)』라는 이해하기 좀 더 쉬운 책에서 뚜렷해졌다.

『세계의 체계』에서는 산꼭대기에서 수평으로 발사된 포탄을 보여 주는 그림으로 그의 중요한 아이디어를 깔끔하게 설명하고 있다. 포탄은 빨리 던질수록 더 멀리 날아간 뒤에 땅에 떨어진다. 속도가 매우 빠르면 포탄은 지구에서 벗어나 궤도를 돌게 된다. 물론 뉴턴 시대의 대포는 지구를 탈출하는 데 필요한 속도(초속 8킬로미터 정도)를 낼 수 없었다. 그러나 오늘날 우리는 빠른 속도로 쏘아 올려져 궤도에 머물러 있는 인공위성들을 잘 알고 있다. 뉴턴은 동일한 힘이 행성을 붙잡아 태양 주위의 타원 궤도에 머물러 있게 한다는 사실을 입증했다. 중력은 성단에서는 더 큰 규모로 작용한다. 수십억 개의 별이 붙잡혀 있는 은하에서도 마찬가지다.

태양과 태양형 별에서는, 그 별을 이루는 기체 덩어리를 수축시키는 중력과 고온 상태에서 만들어진 내부 압력이 균형을 이루고 있다. 만약 중력이 작용하지 않는다면, 내부 압력 때문에 별의 구성 물질은 산산이 흩어질 것이다. 지구의 대기에서, 지상 압력 역시 우리 위에 있는 모든 공기의 무게와 균형을 이루고 있다.

크기와 중력의 관계

지구의 중력은 작은 물체보다 큰 물체에 더 강한 영향을 미친다. '재난 영화'의 감독들은 다리나 댐 붕괴를 표현하기 위한 축소 모형을 만들 때, 진짜 강철과 콘크리트가 아니라 탁자 높이에서 떨어져도 쉽게 휘거나 부서지는 매우 약한 물질을 재료로 써야 한다. 그리고 영화가 사실적으로 보이려면 고속 촬영을 해서 슬로 모션으로 재생해야 한다. 이 과정을 아무리 조심스럽게 수행해도 진짜가 아니라 축소 모형임을 드러내는 몇몇 '옥의 티'가 남아 있을지 모른다. 예를 들어 물 탱크 속에서는 표면 장력(빗방울들을 결합시키는 힘)이 표면의 잔물결을 제거하지만 실제의 강이나 바다의 파도에서는 표면 장력의 효과가 미미하다. 거미는 표면 장력 때문에 물 위를 걸을 수 있지만 우리는 그렇게 할 수 없다.

생물계에서는 적당한 크기라는 게 중요하다. 큰 동물은 단순히 작은 동물의 확대판이 아니다. 큰 동물은 예를 들어 키에 비해 굵은 다리를 갖고 있는 식으로 다른 비율로 균형 잡혀 있다. 만약 동물이 모양은 똑같으면서 크기만 두 배로 증가했다고 하자. 그러면 부피와 무게는 두 배가 아니라 여덟(2^3) 배 더 커진다. 그러나 다리의 단면적은 네(2^2) 배만 증가해서 몸을 지탱하기에 너무 약할 것이다. 따라서 그 동물은 다시 설계해야만 한다. 동물은 몸집이 클수록 떨어질 때 받는 충격이 크다. 영화에 등장하는 거대 괴수 '고질라'는 몸통보다 더 굵은 다리가 필요하고 추락하면 살아남지 못한다. 반면에 생쥐는 벽을 타고 수직으로 기어 올라갈 수도 있고, 자신의 키보다 몇 배나 높은 곳에서 떨어져도 전혀 다치지 않는다.

크기에 관한 이런 구속 조건들을 가장 먼저 분명하게 깨달은 사람은 갈릴레오였다(그는 뉴턴이 태어난 바로 그해에 사망했다.). 그는 이렇게 썼다.

자연을 막대한 크기의 숲으로 만드는 것은 불가능하다. 나뭇가지들이 결국 자체 무게 때문에 늘어질 테니 말이다.……몸통이 작아진다고 해서 힘도 비례해서 작아지지는 않는다. 오히려 몸통이 매우 작으면 힘은 더 큰 비율로 증가한다. 아마도 작은 개는 똑같은 크기의 개 두세 마리를 등에 거뜬히 질 수 있지만 말은 자기 크기의 말 한

마리도 제대로 질 수 없을 것이다.

비슷한 이유들이 새의 크기를 제한한다(이 제한 조건들은 활강하는 앨버트로스보다 공중을 떠도는 벌새들에게 더 엄격하게 적용된다.). 그러나 수중 생물에게는 이 제한들이 완화된다. 따라서 거대한 동물이 바다에 살 수 있다. 반대로 너무 작아도 또 다른 종류의 문제가 생긴다. 즉 몸무게에 비해 표면적이 크면 열을 빨리 잃는 것이다. 그러므로 작은 포유류와 조류가 몸을 따뜻하게 유지하기 위해서는 영양분을 빨리 먹고 빨리 소화시켜야 한다.

다른 세계에도 유사한 제한들이 있을 것이다. 예를 들어 물리학자 에드윈 샐피터(Edwin Salpeter)는 칼 세이건과 함께, 목성의 고밀도 대기 안에서 살아남을 수 있는 풍선 같은 가상 생물들의 생태에 대해 고찰한 적이 있다. 그 가상 생물의 새로운 세대는 태어나자마자 시간을 다투는 경주에 직면할 것이다. 즉 그들은 중력에 이끌려 아래의 더 깊고 어두운 고압층에서 파괴되기 전에 부력을 얻을 수 있는 크기로 부풀어야만 하는 것이다.

N의 값과 그것이 그렇게 큰 이유

중력은 생물권과 우주에서 아주 중요한 힘임에도 불구하고 사실 원자에 영향을 미치는 다른 힘에 비하면 놀라울 정도로 약하다. '부호'가 반대인 전기를 띤 물체는 서로를 끌어당긴다. 수소 원자는 양전기를 띤 양성자와 음전기를 띤 전자 하나로 이루어져 있다. 반대로 같은 전기를 띤 물체는 서로를 밀어낸다. 두 양성자는 서로를 밀어낼 뿐만 아니라(전기적 척력) 뉴턴의 법칙에 따라 서로를 중력적으로 끌어당긴다. 전기력과 중력 모두 거리에 의존하고(둘 다 '역제곱' 법칙을 따른다.), 따라서 그들의 상대 세기는 중요한 수 N으로 측정된다. 이것은 양성자들이 서로 떨어져 있는 거리에 무관하게 똑같다. 수소 원자 두 개가 한 분자에 구속되어 있을 때, 양성자들 사이의 전기력은 두 전자에 의해 상쇄된다. 그리고 양성자들 사이의 중력은 전기력보다 10^{36}배나 약해서 거의 측정할 수 없다. 따라서 전자들이 어떻게 결합해서 분자가 되는지를 연구할 때는 중력은 무시해도 좋다.

이렇게 약한 중력이 어떻게 우리를 지상에 붙잡아 두고 위성과 행성을 궤도를 따라 돌게 만들 수 있을까? 그것은 중력이 항상 인력으로만 작용하기 때문이다. 질량이 두 배가 되면 질량에 미치는 중력도 두 배가 된다. 반면에 전하는 서로 끌어당길 뿐만 아니라 밀어낸다. 왜냐하면 전하는 양이나 음이 될 수 있기 때문이다. 전기력은 두 전하의 '부호'가 같을 때만 두 배가 된다. 그러나 일상의 모든 물체는 엄청난 수의 원자들로 이루어져 있고(원자 각각은 양전기를 띤 핵과 그 주위를 에워싸고 있는 음전기를 띤 전자들로 이루어져 있다.), 양전하와 음전하는 거의 정확히 상쇄된다. 우리의 머리카락을 바짝 서게 할 정도로 '하전'되어 있을 때에도 이 불균형은 10억의 10억분의 1 전하보다 작다. 그러나 모든 물체는 똑같은 부호의 '중력적 전하'를 가지며, 따라서 중력은 물체가 커질수록 전기력에 비해 '우세해진다.' 전기력의 균형은 고체가 압축되거나 팽창할 때 아주 약간 어긋날 뿐이다. 사과는 지구에 있는 모든 원자의 중력의 합이 그것을 나무에 매달고 있는 줄기의 전기적 인력보다 커질 때만 떨어진다. 중력이 중요한 까닭은 우리가 이 무거운 지구에 살고 있기 때문이다.

우리는 **N**의 양을 잴 수 있다. 1장에서 우리는 각각 앞의 장면보다 10배씩 먼 곳에서 본 일련의 사진들을 상상했다. 이제 각각, 10개, 100개, 1000개……의 원자를 포함하는, 다시 말해서 각각

이전보다 10배 더 무거운 다른 크기의 공들을 상상해 보자. 18번째는 모래 알갱이만 할 테고, 29번째는 사람만 하고 40번째는 커다란 소행성만 하다. 질량이 1,000배 증가하면 부피도 1,000배 증가하지만(만약 공들의 밀도가 똑같다면) 반지름은 10배만 증가한다. 공 자체의 중력은 원자를 그 중력으로부터 떼어 내는 데 얼마나 많은 에너지가 필요한가로 측정되는데, 떼어 내는 데 필요한 에너지는 질량을 반지름으로 나눈 값에 비례한다.* 따라서 중력은 100배씩 증가한다. 중력은 원자 규모에서 10^{36}배만큼 작은 불리한 조건으로 시작하지만 질량이 세제곱씩 늘어날 때마다(1,000배) 10^2(다시 말해서 100)배씩 늘어난다. 따라서 대략 목성의 질량을 갖는 54번째 물체(54 = 36×2/3)쯤 되면 중력이 전기력을 따라잡게 된다. 목성보다 훨씬 더 무거운 덩어리에서는 중력이 고체들의 결합력을 압도할 정도로 강력하다.

모래 알갱이와 설탕 덩어리 역시 우리와 마찬가지로 무거운

---

* 이 에너지는 (질량)/(반지름)^{2}으로 표현되는 '역제곱' 힘에, (반지름)에 비례하는 힘이 작용하는 거리를 곱한 것이다. 이것을 '결합 에너지'라고 한다. 결합 에너지는 (질량)/(반지름)에 비례한다. 그리고 밀도가 일정할 때에는 (반지름)이 (질량)$^{1/3}$에 비례하므로 결합 에너지가 (질량)$^{2/3}$도 비례한다.

지구 중력의 영향을 받는다. 그러나 그것들의 자체 중력, 즉 그것들을 구성하는 원자들이 서로에게 미치는 중력은 무시해도 좋다. 자체 중력은 소행성이나 작은 감자 모양을 한 화성의 두 위성 포보스와 데이모스에서는 중요하지 않다. 그러나 행성 정도의 크기를 가진 천체는 (그리고 심지어 우리의 커다란 달까지도) 구성 물질이 불규칙한 모양을 유지할 정도로 단단하지 않으면 중력 때문에 거의 구형이 된다. 그리고 태양이나 태양과 같은 다른 별들처럼 중심이 평형 압력을 충족시킬 정도로 뜨겁지 않은 목성보다 큰 질량의 천체들은 자체 중력 때문에 엄청난 밀도로 짓눌린다. 태양과 같은 별들이 그렇게 무거운 것은 중력이 아주 약하기 때문이다. 질량이 더 적은 덩어리에서는, 중력이 빛을 낼 정도로 뜨겁고 강하게 물질을 압축시킬 수도 없다.

태양은 목성보다 1000배쯤 더 무겁다. 따라서 만약 태양이 차갑다면 중력 때문에 보통 고체보다 100만 배나 더 단단하게 압축될 것이다. 즉 태양은 크기는 지구만 하면서 33만 배나 더 무거운 '백색 왜성'이 될 것이다. 그러나 태양의 중심 온도는 이글거리는 표면보다 수천 배는 더 뜨거운 1억 5000만 도며, 이 엄청나게 뜨거운 기체의 압력이 태양을 부풀어 오르게 해서 평형 상태를 유지한다.

영국의 천체물리학자 아서 에딩턴(Arthur Eddington)은 별들의 물리적 성질을 이해한 최초의 인물들 가운데 하나였다. 그는 우리가 만약 영구히 구름에 갇힌 행성에 살고 있다면 별들을 이론화하는 것만으로 얼마나 많은 걸 배울 수 있을지 숙고했다. 우리는 별이 얼마나 많은지 짐작할 수 없지만 내가 막 간략하게 서술한 방향에 따라 추론해 보면 별들이 얼마나 커야 하는지를 알아내는 것은 그다지 어렵지 않으며, 논의를 더 확장해서 그러한 천체들이 얼마나 밝게 빛날 수 있는지도 알아낼 수 있다. 에딩턴은 이렇게 결론 내렸다. "우리 물리학자가 머리 위를 덮고 있는 구름 덮개를 젖히고 하늘을 볼 수 있다면, 다양한 질량을 가진 10억 개의 기체 덩어리를 발견할 것이다."

중력은 미시 세계를 지배하는 힘들보다 **N**만큼, 즉 10^{36}배만큼 더 약하다. 만약 중력이 그렇게 약하지 않다면 무슨 일이 일어날까? 예를 들어 중력이 전기력보다 10^{36}배 약한 게 아니라 '단' 10^{30}배만 약한 우주를 상상해 보라. 원자와 분자는 우리의 실제 우주에서와 똑같이 행동하겠지만 물체가 아주 커지기 전에 중력이 다른 힘들과 경쟁하게 된다. 이런 가상의 우주에서는 별(중력으로 구속된 핵융합 반응기)이 되는 데 필요한 원자의 수가 10억 배 더 적다.

행성의 질량도 10억 배 정도 더 가벼워진다. 이 행성이 일정한 궤도를 유지할 수 있는지의 여부에 상관없이, 중력의 힘이 행성의 진화 잠재력을 감소시킨다. 중력이 강한 상상의 세계에서는 심지어 벌레들조차 몸을 지탱하기 위해 굵은 다리가 필요하고, 어떤 동물도 벌레보다 더 커질 수 없다. 크기가 인간 정도인 생물은 무엇이든 중력 때문에 짜부라질 것이다.

그러한 우주에서는 은하가 훨씬 더 빨리 형성되고 크기는 작아진다. 별들이 널리 흩어지지 않고 빽빽하게 모여 있어서 근접 충돌이 빈번히 일어난다. 이곳에서는 본질적으로 안정한 행성계가 형성되는 것이 불가능하다. 지나가는 별들이 궤도를 교란시키기 때문이다(우리 태양계에서는 이런 일이 잘 일어나지 않는다. 지구인에게는 다행한 일이 아닐 수 없다.).

그러나 복잡한 생태계를 방해하는 훨씬 더 중요한 요인은 발달에 필요한 시간이 부족하다는 것이다. 이런 '미니 별'에서는 열이 훨씬 더 빨리 새나간다. 중력이 강한 이 가상의 세계에서는 별의 수명이 100만 배나 더 짧다. 가상의 세계에서 전형적인 별은 100억 년이 아니라 10만 년 정도 산다. 미니 태양은 더 빨리 연소하고, 유기적 진화의 첫 번째 단계가 진행되기도 전에 에너지를 다써 버린다. 만약 다른 것은 하나도 변하지 않고 중력만 더 강하다면, 분명히 복잡한 진화를 위한 조건들은 형성되지 않을 것이다. 억겁의 시간을 두고 이루어지는 천문학적 과정들의 시간 폭과 물리 반응이나 화학 반응이 일어나는 시간 폭의 격차가 우리 우주에서처럼 크지는 않을 것이다. 그러나 거꾸로 훨씬 더 약한 중력은 훨씬 더 정교하고 더 수명이 긴 구조를 발달시킬 수 있다.

중력은 우주를 조직하는 힘이다. 우리는 7장에서 거의 아무 특색이 없었던 초기의 대폭발로부터 우주 구조가 만들어지는 데 중력이 얼마나 중요한 역할을 하는지를 보게 된다. 크고 수명이 긴 구조들이 존재할 수 있는 것은 중력이 다른 힘들에 비해 약하기 때문이다. 역설적으로 중력이 약할수록(그것이 실제로 0이 아니라고 가정하면), 결과는 더 복잡해질 수 있다. 우리는 **N**의 값을 설명해 주는 어떤 이론도 갖고 있지 않다. 다만 알 수 있는 것은 **N**이 $1{,}000{,}000{,}000{,}000{,}000{,}000{,}000{,}000{,}000{,}000{,}000{,}000$($10^{36}$)보다 훨씬 작다면 인류 같은 복잡한 존재가 출현할 수 없었을 거라는 사실이다.

뉴턴에서 아인슈타인까지

뉴턴 이후 200년 이상이 지난 뒤, 아인슈타인이 '일반 상대성 이론'이라는 중력 이론을 제안했다. 이 이론에 따르면 행성은 태양의 존재 때문에 휘어진 '시공'에서 가장 똑바른 경로를 따라가고 있다. 흔히들 아인슈타인이 뉴턴의 물리학을 뒤엎었다고 주장하지만 이것은 오해다. 뉴턴의 법칙은 여전히 태양계의 운동을 상당히 정확히 설명하며, 우주 탐사선의 궤도를 프로그램화하는 데에도 유용하게 쓰이고 있다. 그러나 아인슈타인의 이론은 (뉴턴의 이론과 달리) 속도가 광속에 가까운 물체들에서 일어나는 현상과, 그러한 막대한 속도를 일으킬 수 있는 아주 강한 중력, 그리고 빛 자체에 미치는 중력의 효과를 설명했다. 더욱 중요하게는 아인슈타인은 중력에 대한 우리의 이해를 심화시켰다. 뉴턴에게는 모든 입자들이 왜 똑같은 속도로 떨어지고 동일한 궤도를 따르는지('전하'와 '질량'이 비례하지 않는 전기력과 대조적으로 중력과 관성의 비가 왜 모든 물질에 대해 정확히 똑같은지)가 미스터리였지만 아인슈타인은 이것이 모든 물체가 질량과 에너지에 의해 휘어진 시공에서 '가장 똑바른' 동일한 경로를 취하기 때문에 생기는 당연한 결과임을 입증했다. 일반 상대성 이론은 개념적인 돌파구였다. 이 이론이 어떤 특정한 실험이나 관측의 자극을 받았다기보다 아인슈타인의 깊은 통찰력에서 나왔다는 점은 특히 놀랍다.

아인슈타인은 '뉴턴이 틀렸다고 입증하지' 않았다. 그는 뉴턴의 이론을 훨씬 더 심오한 무언가로 편입시켜 더 광범위하게 응용할 수 있게 했다. 사실 만약 그의 이론에 다른 이름, 즉 '상대성이론'이 아니라 '불변 이론'이라는 이름이 붙었다면 더 나았을 것이다 (그리고 그 문화적 의미에 대한 폭넓은 오해를 미연에 방지할 수 있었을 것이다.). 아인슈타인의 업적은 모든 관측자에 적용할 수 있는 방정식 세트를 발견하고 '국지적'인 모든 실험에서 측정되는 광속이 관측자의 운동에 상관없이 동일하다는 놀라운 상황을 통합한 것이었다.

과학은 이전에 무관했던 사실들을 포함시키고 앞선 이론의 범위를 확장해서 일반화하는 과정을 통해 발전한다. 물리학자이자 사학자인 줄리언 바버(Julian Barbour)는 이것을 등산에 비유했다.● 그의 말은 맞는 것 같다.

● 『시간의 끝(The End of Time)』(1999).

산에 높이 오를수록 시야는 더 넓어진다. 새로운 고지에 오를 때마다 사물의 상호 연결을 더 잘 이해하게 된다. 더욱이 점점 더 깊이 이해하게 되면, 산 정상에 도달했을 때 올라가는 도중에는 결코 생각하지 못했던 것들을 보게 되는 것처럼, 갑작스럽고 놀라운 지평선의 확대를 경험하게 된다. 일단 새로운 지형을 이해하게 되면, 가장 최근에 정복한 정상에 이르는 길이 뚜렷이 드러나 새로운 세상의 영예를 차지하게 된다.

경험이 우리의 직관과 상식을 구체화한다. 즉 우리는 우리에게 직접 영향을 미치는 물리 법칙과 동화되어 있다. 뉴턴의 법칙은 어떤 의미에서 나무에서 나무로 자신감 있게 오가는 원숭이 안에 '배선'되어 있다. 그러나 우주 공간에는 우리 환경과 전혀 다른 환경이 펼쳐져 있다. 광대한 우주에서 중력이 강할 때, 광속에 가까운 고속으로 움직일 때, 우주적 규모에서 상식 개념이 깨진다고 해서 놀라지는 말아야 한다. 기본적인 물리 법칙의 구속을 받기는 하지만 고도의 과학 기술을 가지고 있어 우주 곳곳을 신속히 돌아다닐 수 있는 외계인은 지구인보다 더 확장된 공간과 시간에 대한 직관을 가지고 있을 것이다. 그들은 우리가 보기에 이상한 상대성의 결과들도 이상하게 여기지 않을 것이다.

광속은 매우 특별한 의미를 갖는 것으로 밝혀졌다. 즉 광속에 도달할 수는 있지만 결코 넘어설 수는 없다. 그러나 이 '우주의 속도 제한'이 당신이 살아 있는 동안 여행할 수 있는 거리를 제한하지는 않는다. 왜냐하면 우주선이 광속에 가깝게 가속되면 시계가 느리게 가기(그리고 우주선상의 시간이 팽창하기) 때문이다. 따라서 시계가 느리게 가는 우주선을 타고 100광년 떨어진 별로 여행했다가 돌아온다면 당신이 여전히 젊지만 고향에서는 200년 이상이 지났을 것이다. 당신의 우주선은 빛보다 빨리 여행할 수는 없었지만(고향에 머문 관측자가 측정한 대로), 우주선의 속도가 광속에 가까워질수록 당신은 나이를 덜 먹을 것이다.

이 효과가 직관에 반하는 까닭은 우리의 경험이 느린 속도에 한정되어 있기 때문이다. 여객기는 시간 팽창(time dilation) 현상을 인식하기에는 턱없이 느린 광속의 100만분의 1 정도의 속도로 비행한다. 즉 탑승객들은 평생토록 1,000분의 1초도 되지 않는 시간 팽창밖에 경험하지 못한다. 그러나 과학자들은 이런 미약한 현상도 측정할 수 있다. 10억 분의 1초까지 정확하게 측정할 수 있는 원자시계를 사용한 실험들을 통해 시간 팽창의 결과가 아인슈타인의 예측과 일치하는 것으로 밝혀졌다.

'시간 팽창'은 중력 때문에도 발생한다. 무거운 질량 근처에서 시계는 느리게 가는 경향이 있다. 이것 역시 지구에서는 거의 감지할 수 없다. 왜냐하면 우리는 '느린' 운동에만 익숙한 것처럼 '약한' 중력만 경험하기 때문이다. 그러나 놀라울 정도로 정확한 위성 위치 추적 장치(GPS)를 프로그래밍할 때는 궤도 운동의 효과와 함께 중력으로 인한 시간 팽창을 고려해야 한다.

한 천체의 중력은 발사체가 그 천체에서 벗어나는데 필요한 속도로 정의된다. 발사체가 지구에서 탈출하기 위해서는 초속 11.2킬로미터의 속도가 필요하다. 이 속도는 광속인 초속 30만 킬로미터보다는 작지만 화학 연료를 사용할 수밖에 없는 로켓 엔지니어들에게는 높은 벽이다. 화학 연료는 이른바 '정지 질량 에너지'(아인슈타인의 mc^2. 4장 참조.)의 10억 분의 1만을 유효한 힘으로 전환시키기 때문이다. 태양 표면으로부터의 탈출 속도는 초속 600킬로미터다. 이것 역시 광속의 0.2퍼센트에 불과하다.

'강력한 중력'과 블랙홀

뉴턴의 이론은 아주 작은 보정만 필요할 뿐, 우리 태양계 도처에서 효과가 있다. 그러나 우리는 중력이 훨씬 더 강한 상황에 접했을 때의 충격에 대비해야 한다. 그리고 천문학자들은 그런 장소, 예를 들어 중성자별을 발견했다. 별은 초신성으로 폭발할 때 이런 초고밀도의 잔재를 남긴다(다음 장에서 더 자세히 논의할 것이다.). 중성자별은 전형적으로 태양보다 1.4배 무겁지만 지름은 약 20킬로미터밖에 되지 않는다. 표면 중력은 지구보다 100만 배의 100만 배 더 강하다. 중성자별의 표면에서 물체를 겨우 1밀리미터 올리는 데에도 지구의 중력으로부터 완전히 벗어나는 데 드는 에너지보다 더 많은 에너지가 필요하다. 중성자별에서는 1미터 높이에서 떨어진 펜이 TNT 1톤의 에너지로 충돌한다(하지만 중성자별 표면 정도의 강력한 중력이라면 어떤 물체도 즉시 짜부라뜨릴 것이다.). 발사체가 그 중력을 벗어나기 위해서는 광속의 절반에 도달해야만 한다. 반대로 상당한 높이에서 중성자별 위로 떨어지는 물체는 광속의 절반이 넘는 속도로 충돌할 것이다.

중력이 중성자별의 주위에서만큼 강력할 때는 뉴턴의 이론으로 해결할 수 없다. 이때는 아인슈타인의 일반 상대성 이론이 필요하다. 중성자별 표면 근처의 시계는 멀리 떨어진 시계에 비해 10~20퍼센트 느리게 간다. 표면에서 나온 빛은 심하게 휘기 때문에 중성자별을 멀리서 보면 한쪽 반구뿐만 아니라 뒷면의 일부까지 볼 수 있다.

중성자별보다 몇 배 더 작거나 몇 배 더 무거운 천체는 근처에 모든 빛을 가두어 블랙홀이 된다. 블랙홀은 공간에 '구멍'을 내고 스스로를 외부 우주로부터 차단시킨다. 그리고 주위의 공간은 블랙홀에 가까워진다. 태양이 만약 반지름 3킬로미터의 구로 압착된다면 블랙홀이 될 것이다. 다행히 자연은 우리를 위해 그러한 실험들을 우주의 다른 공간에서 해 왔다.

우리 은하에는 태양 질량의 10배 정도 되는 블랙홀이 수백만 개 있다. 블랙홀은 무거운 별의 최후 상태이거나 별의 충돌로 만들어지는 것 같다. 그러나 블랙홀은 거의 눈에 띄지 않는다. 그것은 가까이 지나가는 다른 천체나 빛에 영향을 미치는 중력 효과로만 발견할 수 있다. 평범한 별과 쌍성을 이루는 블랙홀은 발견하기가 더 쉽다. 이때 사용되는 기술은 모성에 흔들림을 야기하는 행성을 '사냥'할 때 사용하는 방법과 유사하다. 즉 보이는 별과 보이지 않는 블랙홀이 쌍성을 이루고 있을 때 작은 별의 운동을 통해 블랙홀의 존재를 확인할 수 있다. 그러나 쌍성을 이루는 블랙홀의 경우에는 보이는 별이 어두운 천체보다 질량이 더 작다. 그리고 이 별이 행성보다 더 크고 더 빨리 돌기 때문에 작업이 한층 더 수월하다.

천문학자들은 항상 가장 극단적인 현상에 관심을 갖는다. 왜냐하면 바로 이런 현상들을 연구함으로써 근본적으로 새로운 무언가를 배울 수 있을 거라고 생각하기 때문이다. 아마도 가장 놀라운 것은 '감마선 폭발'이라는 강력한 섬광인지도 모른다. 감마선 폭발은 100만 개의 은하 전체에서 흘러나오는 빛을 무색하게 할 정도로 강력한 감마선 방출이 몇 초 동안 일어나는 현상이다. 이것은 어쩌면 블랙홀이 형성될 때 일어나는 사건일지도 모른다.

훨씬 더 큰 블랙홀은 은하 중심에 숨어 있다. 광속에 가까운 속도로 돌고 있는 기체에서 나오는 강렬한 복사를 관측하거나, 극도로 빠르게 운동하는 별을 탐지함으로써 우리는 그 근처에 블랙홀이 있음을 추론한다. 우리 은하의 중심과 아주 가까운 별들은 마치 암흑 질량의 중력을 느끼고 있는 것처럼 매우 **빠르게** 돈다. 이것은 바로 태양 질량의 2500만 배나 나가는 블랙홀 때문이다. 블랙홀의 크기는 그 질량에 비례하며, 은하 중심에 있는 블랙홀은 반지름이 600만 킬로미터나 된다. 태양 질량의 수십억 배나 되는 어떤 은하의 중심에 있는 괴물은 우리 태양계 전체만큼이나 크다. 그럼에도 불구하고 그것들은 자신들이 숨어 있는 은하에 비해서는 매우 작다.

기이하고 직관에 반하는 존재이기는 하지만 블랙홀은 사실 다른 어떤 천체보다도 설명하기가 쉽다. 지구의 구조는 그 역사와, 그것이 무엇으로 만들어져 있는가에 의존한다. 다른 별의 주위를 돌고 있는 행성은 확실히 지구와 매우 다를 것이다. 그리고 기본적으로는 거대한 기체 덩어리인 별도 기체 덩어리 속에 '혼합'되어 있는 원자들에 따라 다르게 보일 것이다. 그러나 블랙홀은 자신이 어떻게 형성되었는지에 대한 '기억'을 모두 잃어버리고 단 두 가지의 성질, 즉 그 안으로 얼마나 많은 질량이 들어갔는가와, 그것이 얼마나 빨리 회전하고 있는가로만 묘사되는 표준 상태로 안정된다. 블랙홀이 존재한다는 증거가 나오기 오래전(미국의 물리학자 존 아치볼드 휠러(John Archibald Wheeler)가 '블랙홀'이라는 이름을 도입하기 전)인 1963년, 뉴질랜드의 이론가 로이 커(Roy Kerr)가 회전체를 묘사하는 아인슈타인 방정식의 해를 발견했다. 그 후 다른 사람들은 연구를 통해 중력 붕괴한 물체는 모두 다 정확히 커의 공식으로 설명되는 블랙홀로 안정된다는 놀라운 결과를 이끌어 냈다. 블랙홀은 기본 입자들 못지않게 표준화되어 있다. 아인슈타인의 이론은 블랙홀이 공간과 시간을 정확히 어떻게 왜곡시키는지, 그리고 그 '표면'이 어떤 모양인지 말해 준다.

블랙홀 주위에서는 시간과 공간에 대한 우리의 직관이 전혀 통하지 않는다. 빛은 '가장 똑바른' 경로를 따라 여행하지만, 심하게 뒤틀린 공간에서는 복잡한 곡선이 될 수 있다. 그리고 블랙홀 근처에서는 시간이 매우 느리게 간다(중성자별 근처보다 훨씬 더 느리게 간다.). 따라서 우리가 만약 블랙홀 아주 가까이에서 공중을 떠돌거나 주위에서 궤도를 그리며 돌 수 있다면 외부 우주가 빨리 움직이는 모습을 볼 것이다. 블랙홀 주위에는 뚜렷한 '표면'이 있으며, 그곳에서 안전한 거리에 있는 관측자에게는 시간 팽창이 거의 무한대가 되기 때문에 시계(혹은 유입하는 실험자)가 '움직이지 않는' 것처럼 보일 것이다.

이 표면 안쪽에서는 심지어 빛조차 빠져나올 수 없다. 즉 시간과 공간의 왜곡이 훨씬 더 심해진다. 공간 자체가 너무 빨리 빨려 들어가고 있어서 바깥쪽으로 나오는 광선조차 마치 안쪽으로 끌려가는 것처럼 보인다. 블랙홀에서는 시간이 거꾸로 움직일 수 없는 것처럼 '바깥쪽으로' 움직일 수 없다.

회전하는 블랙홀은 공간과 시간을 더 복잡한 방식으로 왜곡한다. 세면기의 소용돌이를 만들며 빠지는 것을 상상하면 그 광경을 쉽게 이해할 수 있다. 소용돌이에서 떨어져 있으면, 흐름과 함께 가든 흐름을 거슬러 나아가든 원하는 대로 항해할 수 있다. 조금 더 안으로 들어가면 물이 배의 속도보다 더 빨리 소용돌이친다. 즉 당신은 흐름에 따라 돌아야 하지만, 여전히 안쪽으로도 바깥쪽으로도(바깥쪽 소용돌이에 대해) 움직일 수 있다. 그러나 훨씬 더 가까이 가면 안쪽 흐름조차도 당신의 배보다 더 빨라진다. 만약 위험을 무릅쓰고 어떤 '임계 반지름' 안으로 들어가면 당신은 운명을 선택할 여지가 없다. 안으로 빨려 들어가 파멸하고 말 것이다.

블랙홀은 일방통행의 막 같은 표면으로 둘러싸여 있다. 안쪽의 어떤 신호도 안전 거리에서 지켜보는 동료들에게 전달될 수 없다. '표면'을 지나간 사람은 누구든 갇혀서 안쪽으로 빨려 들어갈 운명에 처하게 된다. 그는 아인슈타인의 방정식에 따라 중력이, 그들 자신의 시계로 측정했을 때 유한한 시간 안에 '무한대가 되는 곳'으로 빨려 들어간다. 이 '특이점'에서 우리가 알고 있는 물리학은 무용지물이 된다. 우리는 이 특이점의 상태들이 우리 우주의 아주 초기 상황이라고 믿고 있다. 따라서 블랙홀 안으로 떨어지는 사람은 누구든 '시간의 끝'을 만난다. 이것이 우리 우주의 궁극적인 운명일지 모를 대함몰을 미리 조금 맛보는 것일까, 아니면 우리 우주는 영구한 미래를 가질까? 그것도 아니면 아직 알려지지 않은 어떤 물리학이 우리를 이 운명으로부터 보호해 줄까?

아인슈타인의 이론은 중력을 가속 운동과 구별할 수 없으며 자유 낙하하는 엘리베이터 안에서는 중력을 느낄 수 없을 거라는 그의 '행복한 사고'에서 시작되었다. 그러나 중력의 비균질성은 제거될 수 있다. 만약 일본 가미카제 특공대의 조종사들이 균형 잡힌 대형으로 지구로 자유 낙하한다면 그들 사이의 수평 간격은 줄어들겠지만 수직 간격은 증가한다. 이것은 그들의 궤도가 모두 지구의 중심 쪽으로 수렴하기 때문이며, 중력은 지구에 더 가까운 사람들을 더 강하게 끌어당기기 때문이다. 그리고 각 조종사 몸의 각각 다른 부위에도 비슷한 영향을 미친다. 즉 발이 먼저 떨어지고 있으면 조종사는 수직 방향은 늘어나고 측면은 압축되는 걸 느낀다. 이런 '조력(潮力)'은 지구의 중력을 받고 있는 조종사들은 감지할 수 없지만, 블랙홀에서는 파멸적으로 커진다. 조종사들은 중심부의 '특이점'에 도달하기 전에 갈가리 찢어져 '스파게티'처럼 된다. 질량이 항성급인 블랙홀로 떨어지는 조종사는 블랙홀의 표면에 도달하기 전부터 심각한 조력을 느낀다. 그 후 (조종사의 시계로 측정할 때) 100만 분의 몇 초 후면 특이점과 마주친다. 그러나 은하의 중심에 있는 초대형 블랙홀들 주변에서는 조력 효과가 더 온화하다. 즉 한 블랙홀의 표면을 지나간 뒤에도 한가하게 몇 시간을 탐험한 후에야 형태를 심하게 변형시키는 중심의 특이점에 가까워질 것이다.●

원자만 한 블랙홀

블랙홀은 놀라운 이론적 구조물 그 이상이다. 블랙홀이 실제로 존재한다는 증거는 이제 강력하다. 블랙홀은 우리가 우주에서 관측하는 가장 놀라운 현상들(퀘이사와 폭발)과 관련되어 있다. 블랙홀이 정확히 어떻게 형성되느냐 하는 문제는 여전히 격렬한 논쟁

● 특이점 근처의 극단적인 조건에 이런 불확정성이 있다고 해서 블랙홀이 존재한다는 확신이 흔들리거나 색다른 특성들을 이해하는 데 방해가 되는 것은 아니다. 마찬가지로 쿼크의 정체에 대해 우리가 잘 모르는 부분이 있다고 해서, 훨씬 더 큰 규모의 궤도를 돌고 있는 전자들의 특성에 의존하는 일반적인 원자물리학을 잘못 이해하고 있다고 생각할 필요는 없다.

이 진행되고 있지만 죽은 별이나 은하 중심에 있는 기체 구름 안에서 중력이 모든 다른 힘들을 압도하는 메커니즘에는 의문이 없다. 이들의 형성 과정을 보면 블랙홀은 적어도 별의 질량만큼은 되어야 한다. 왜냐하면 소행성과 행성의 경우에는 중력이 다른 힘과 경쟁할 수 없기 때문이다. 구름으로 뒤덮인 행성의 물리학자는 별이 존재한다면 질량이 별 정도 되는 블랙홀도 존재한다는 걸 예측할 수 있었을 것이다.

사실 오늘날 생성될 수 있는 블랙홀의 질량을 결정하는 별의 크기는, 우리가 보아 왔듯이 중력과 전기력이나 핵력 사이의 균형이 결정한다. 그러나 아인슈타인의 이론은 어떤 특별한 질량을 규정하지 않는다. 블랙홀은 공간이라는 천 자체로 만들어진다. 공간이 매끄러운 연속체인 한, (일단 형성되면)블랙홀이 원자만큼 큰지, 별만큼 큰지, 혹은 관측할 수 있는 우리 우주만큼 큰지 전혀 구별할 수 없다.

원자 크기에 불과한 블랙홀도 산만큼 무거울 것이다. 정의에 따르면 블랙홀은 중력이 다른 모든 힘을 압도하는 물체다. 원자만 한 블랙홀의 경우 10^{36}개의 원자가 원자 1개의 부피 안으로 밀어 넣어져야 한다. 이 조건은 우리 우주의 수 N이 크기 때문에 생긴 또 하나의 결과이다. 그렇다면 원자보다 훨씬 더 작은 블랙홀이 존재할 수 있을까? 이 때에는 우주의 본질적인 입자성에 기인한 가장 작은 규모에 대한 궁극적인 한계(10장에서 다시 나온다.)와 부딪치게 된다.

원자만 한 블랙홀이 설령 만들어질 수 있다고 해도 오직 우주의 최초 순간에 우세했던 막대한 압력에서만 형성될 수 있을 것이다. 만약 그러한 블랙홀이 실제로 존재한다면 거시 세계와 미시 세계를 연결해 주는 '미싱 링크'가 될 것이다.

4
별, 주기율표, 그리고 ε

나는 하나의 풀잎이 별의 운행과 마찬가지라고 믿는다.

———월트 휘트먼

핵융합 반응기로서의 별

지구의 나이는 얼마나 될까? 방사성 연대 측정법을 통해 지구의 나이는 약 45억 5000만 년인 것으로 파악되고 있다. 지구의 오랜 역사에 대한 이론들은 이미 19세기부터 발전하기 시작했다. 지질학자들은 침식과 퇴적 작용으로 지형이 형성되는 속도를 측정해서 지구의 나이를 적어도 10억 년으로 평가했다. 다윈 진화론의 신봉자들도 점진적으로 이루어지는 생물 진화의 속도를 추정해서 (우리 인류가 있기까지 몇 세대가 있었는가?) 이와 일치하는 의견을 제시했다. 그러나 위대한 물리학자 켈빈 경은 당시의 열역학 지식을 바탕으로 10억 년의 1퍼센트도 안 되는 시간만 흘러도 태양은 모든 내부 열을 잃고 수축했을 거라고 계산했다. "우리가 아직 모르는 에너지원이 창조의 위대한 창고에 준비되어 있지 않다면, 지구의 거주자들은 생명을 유지하는 데 꼭 필요한 빛과 열을 수백만 년 이상 즐길 수 없다." 20세기의 과학은 그러한 에너지원이 정말로 존재하며 원자핵에 저장되어 있음을 알려 주었다. 수소 폭탄은 원자핵에 에너지가 잠재되어 있음을 보여 주는 놀라운 증거다.

태양은 수소(원자핵이 양성자 1개로 이루어져 있는 가장 간단한 원소)를 헬륨(두 번째로 간단한 원소로 원자핵이 양성자 2개와 중성자 2개로 이루어져 있다.)으로 전환시킴으로써 가동된다. 핵융합을 동력원으로 이용하려는 시도들('통제된 핵융합')은 지금까지 수백만 도의 반응 시작 온도에 도달하기 힘들다는 어려움 때문에 좌절되어 왔다. 설사 수백만 도의 반응 시작 온도에 도달했다 하더라도, 이 극도로 뜨거운 기체를 실제로 실험실 안에 가두는 일은 훨씬 더 큰 문제이다(그 온도에서는 어떠한 고체 용기도 다 녹아 버릴 것이다.). 따라서 자기력으로 가

두어야만 한다. 그러나 태양에서는 엄청나게 거대한 중력이 초고온·초고압의 기체를 붙잡아 둔다. 태양은 중심핵에서 에너지를 생산하고, 표면에서 우주 공간으로 방출된 열(지구 생물의 원천이다.)과 균형을 이루는 속도로 중심핵에서 생산된 에너지를 외곽으로 확산시키는 구조로 이루어져 있다.

이 연료는 태양을 거의 50억 년 동안 계속 반짝이게 했다. 그러나 앞으로 50억 년 뒤 연료가 고갈되기 시작하면 태양의 중심은 수축하고 바깥층은 팽창할 것이다. 1억 년(그 전체 수명에 비하면 짧은 시간) 동안 태양은 더 밝아지고 더 팽창해서 '적색 거성'으로 알려진 별이 되어 내행성을 집어삼키고 지구에 남아 있는 모든 생명을 증발시켜 버릴 것이다. 일부 바깥층은 떨어져 나가고 핵은 백색 왜성이라는 안정된 잔해를 이룰 것이다. 그 백색 왜성은 오늘날의 보름달보다도 어두운 희미한 푸른빛으로 반짝일 것이다.

천체물리학자들은 태양 내부가 어떤 모습일지 계산했고 관측된 반지름, 밝기, 온도 등과 만족스럽게 일치하는 결과를 얻었다. 이제 그들은 태양 내부 깊숙한 곳에서는 어떤 조건들이 우세한지 자신 있게 말할 수 있다. 그들은 또한 태양이 다음 수십억 년 동안 어떻게 진화할지도 계산할 수 있다. 물론 이 계산들을 직접 확인할 수는 없다. 그러나 우주에는 다른 진화 단계에 있는 태양형 항성들이 있고 우리는 그것들을 관측할 수 있다. 그 관측을 통해 각각 다른 시대에 태어난 별들의 '스냅 사진'을 쉽게 얻을 수 있다. 지구에 갓 착륙한 화성인은 많은 인간을 관찰함으로써 오래지 않아 인간 (혹은 나무들)의 생명 주기를 추론할 수 있다. 마찬가지 원리에 따라 우리는 나이가 100만 년밖에 되지 않은 아직 어린 별들과, 자신이 한때 거느렸던 모든 행성들을 삼켜 버렸을지도 모르는 종말 단계에 있는 별들을 식별할 수 있고 그것에 근거해 별의 일생을 그려 볼 수 있다.

그러한 추론들은 원자와 원자핵이 어디에서나 똑같다는 가정에 바탕을 두고 있다. 뉴턴의 위대한 통찰은 중력 법칙을 통해 지상의 현상과 천상의 현상을 연결한 것이었다. 그러나 뉴턴조차도 우리 태양계 안의 운동만 다루었을 뿐이다. 사람들이 그의 중력 법칙이 다른 별, 심지어 다른 은하에도 적용될 수 있다는 사실을 깨닫기까지는 훨씬 더 오랜 시간이 걸렸다. 고대인들은 천상 세계가 지상의 흙과 공기와 불과 물보다 더 순수한 '제5원소'라는 특별한 물질로 이루어져 있다고 믿었다. 19세기 중반까지 별이 무엇으로 이루어졌는지에 대한 단서는 하나도 없었다. 빛을 무지개로 분산시키는 프리즘을 사용한 결과 태양과 다른 별들에서 나온 빛이 지구에서 잘 알려진 원자들에서 나오는 빛의 색깔을 포함하고 있다는 사실이 드러났다. 별의 원료는 여기 '달 아래의 세계'에 있는 원자들과 전혀 다르지 않았다.

천체물리학자들은 질량이 (말하자면) 태양 질량의 2분의 1배, 2배, 혹은 10배인 별의 수명을 태양의 진화만큼이나 쉽게 계산할 수 있다. 태양보다 작은 별들은 연료를 더 천천히 태운다. 반대로 오리온자리의 별들처럼 태양보다 10배 더 무거운 별들은 수천 배나 더 밝게 빛나며 연료도 더 빨리 소모한다. 이 별들의 수명은 태양의 수명보다 훨씬 더 짧다. 그리고 이들은 초신성의 형태로 폭발함으로써 더 격렬하게 죽는다. 초신성으로 폭발한 별들은 몇 주 동안 태양보다 수십억 배나 더 밝아진다. 또 외곽 층은 초속 2만 킬로미터로 날려가 주위의 성간 기체와 충돌하는 폭발파를 만든다.

1987년 2월 24일 캐나다의 천문학자 이언 셸턴(Ian Shelton)은 칠레 북부에 있는 라스 캄파나스 천문대에서 칠레 인 조수와 함께 일상적인 관측을 하고 있었다. 그들은 남쪽 하늘에서 육안으로도 볼 수 있을 정도로 밝은 생소한 빛을 발견했다. 전날 밤에는 보이지 않던 빛이었다. 그 후 그것은 현대에 관측된 것 중 가장 가까운 초신성으로 밝혀졌다. 밝기가 절정에 달한 몇 주 동안, 그리고 그 뒤 몇 년에 걸쳐 점점 희미해지는 동안, 그 초신성은 현대 천문학의 모든 기술로 관찰되어 이 엄청난 폭발과 관련된 이론들을 시험할 수 있게 해 주었다. 전 단계의 별이 이미 알려져 있었던 초신성은 이것이 유일하다. 과거의 사진판들은 초신성 자리에 태양 질량의 20배 정도 되는 푸른 별이 있었음을 보여 준다.

초신성은 별의 일생에서 일어나는 대격변이며 '극단적인' 물리 과정을 수반하므로 천문학자들이 매료될 수밖에 없다. 그러나 수천 광년 떨어져 있는 이러한 별의 폭발은 1만 명에 1명꼴밖에 되지 않는 천문학자하고만 관련되어 있는 것은 아니다. 초신성 폭발은 지구 표면과 그 근처에만 관심을 가지고 사는 사람들의 생존 환경의 기본이 된다. 그 폭발이 없었다면 우리는 결코 존재하지 못했을 것이다. 초신성은 지구를 구성하는 무거운 원소와 복잡한 생명 화학의 기본이 되는 원자들의 '혼합물'을 만들어 왔다.

다윈 이후 우리는 인류가 출현하기 전에 일어났던 진화와 자연선택, 그리고 인류와 나머지 생물권과의 연관성을 알게 되었다. 천문학자들은 이제 태양계가 형성되기 전에 죽은 별들로 거슬러 올라가 지구의 기원을 밝힌다. 이 고대의 별들이 우리와 우리의 행성을 구성하는 원자들을 만들었다.

별들의 연금술

원자는 '주기율표'에 표시된 것처럼 92개의 다양한 형태로 자연에 존재한다. 각 원자의 주기율표상의 위치는 핵에 있는 양성자의 수에 따라 달라진다. 주기율표는 1번의 수소로 시작해서 92번의 우라늄까지 이어진다. 원자핵은 양성자뿐만 아니라 중성자라는 또 다른 종류의 소립자를 포함한다. 중성자는 양성자보다 약간 더 무겁지만 전하를 띠지 않는다. 어떤 특별한 원소의 원자는 중성자의 수가 다른 몇 가지 다양한 형태로 존재할 수 있다. 이것이 바로 동위 원소다. 예를 들면 탄소는 주기율표에서 6번이고 그 핵은 양성자를 6개 포함한다. 가장 흔한 탄소(^{12}C)는 중성자도 6개 포함한 형태다. 그러나 중성자를 7개와 8개 갖는 탄소 동위 원소도 있다(^{13}C과 ^{14}C). 우라늄은 자연에서 발견되는 가장 무거운 원소다. 그러나 실험실에서 원자 번호(양성자의 수)가 114까지 올라가는 훨씬 더 큰 핵이 만들어졌다. 이 초중원소들은 불안정해서 생성되자마자 분열된다. 플루토늄(주기율표에서 94번) 같은 일부 원소는 수명이 수천 년이나 된다. 100번을 넘는 원소들은 핵 충돌 실험으로 만들 수 있지만 잠깐 존재한 뒤 곧 붕괴한다.

커다란 별의 중심부에 있는 수소가 모두 헬륨(원자 번호 2)으로 전환되면, 원자핵은 수축하고 짜부라지면서 헬륨이 직접 반응할 수 있을 때까지 뜨거워진다. 헬륨 원자핵의 전하는 수소 원자핵 전하의 두 배다. 따라서 그만큼 전자기적 척력도 강하다. 이것을 극복하기 위해서는 더 빨리 충돌해야만 하며, 그렇게 하려면 온도가 훨씬 더 높아야 한다. 헬륨을 다 사용하면 별은 수축하고 훨씬 더 뜨거워진다. 태양 같은 별의 중심은 이런 변화가 계속 진행될 정도로 뜨거워지지 않지만 더 무거운 별의 중심은 중력이 더 강력해서 10억 도에 도달한다. 그런 별은 탄소(6개의 양성자)가 축적되면서, 그리고 그 탄소들이 산소, 네온, 나트륨, 규소 같은 더 무거운 원자핵으로 연쇄적으로 변하면서 더 많은 에너지를 방출한다. 특별한 원자핵이 형성될 때 방출되는 에너지의 양은 구성 요소인 양성자와 중성자들을 '결합'시키는 핵력과, 양성자들 사이에서 작용하는 전자기적 척력(원자핵을 해체하려 한다.) 사이의 경쟁에 의존한다. 철의 원자핵(26개의 양성자)은 다른 어떤 것보다 단단하게 결합되어 있다. 따라서 훨씬 더 무거운 원자핵을 만들기 위해서는 에너지가

(방출되는 게 아니라) 보태져야 한다. 따라서 별은 그 중심이 철로 변했을 때 에너지 위기에 직면한다.

결과는 극적이다. 일단 철로 이루어진 중심이 처음의 크기(태양 질량의 1.4배 정도)보다 커지면 중력이 우세해져서 중심은 안쪽으로 파열해서 중성자별의 크기로 오그라든다. 이것은 초신성을 만드는 어마어마한 폭발로 그 위에 있는 물질을 날려 버리기에 충분한 에너지를 방출한다. 더욱이 이 물질은 그 무렵 '양파 껍질' 구조를 갖는다. 즉 바깥 층에서는 수소와 헬륨이 여전히 타고 있지만 더 뜨거운 안쪽 층에서는 주기율표에서 더 왼쪽에 있는 원소들이 타면서 새로운 원자핵이 형성된다. 우주 공간으로 던져진 파편들 속에는 이런 원소들의 혼합물이 들어 있다. 산소가 가장 흔하며 탄소와 질소와 규소와 철이 그 뒤를 잇는다. 계산된 비율은, 모든 유형의 별과 그것들이 취하는 다양한 진화 경로를 고려하면, 지구에서 관측한 비율과 일치한다.

철은 주기율표에서 26번째 원소에 불과하다. 따라서 언뜻 보기에 더 무거운 원자들을 합성하려면 에너지가 더 필요하기 때문에 골칫거리처럼 보일지도 모른다. 그러나 붕괴할 때의 강렬한 열과 외곽 층을 날려 버리는 폭발파가 92번 우라늄까지 주기율표에 있는 나머지 원소들을 미량 만들어 낸다.

은하의 생태계

최초의 별들은 약 100억 년 전에 가장 간단한 원자들로만 이루어진 원시 원료(탄소도 산소도 철도 없었다.)로부터 형성되었다. 화학은 한참 뒤에야 등장했다. 이 최초의 별들 주변에는 확실히 어떤 행성도 없었을 것이다. 우리 태양이 형성되기 전, 몇 세대에 걸쳐 무거운 별들이 탄생과 죽음을 반복했고 그 과정을 통해 초기의 수소를 생명의 기본 원소들로 바꾸고 강력한 바람이나 폭발을 통해 우주 공간으로 날려 보냈을 것이다. 이 원자들 중 일부는 오리온성운과 유사한 성간 구름 속에 있게 되었고, 45억 년 전 그곳에서 먼지투성이의 기체 원반으로 에워싸인 새로운 별로 응축되어 우리 태양계가 되었다. 지구에 탄소와 산소는 그렇게 흔한데 금과 우라늄은 왜 그렇게 드문 걸까? 이 질문에 대한 대답은 우리 태양이 형성되기 전에 폭발한 별들과 관련이 있다. 지구와 우리 자신은 그런 고대의 별들이 타고 남은 재다. 우리 은하는 여러 세대의 별들을 통해 원자들을 되풀이해서 순환시키는 일종의 생태계다.

태양계 안의 탄소와 산소와 철 원자는 45억 년 전에 형성된 먼지 구름의 화석이다. 즉 그것들은 무거운 별들이 만든 '불순물'이었다. 이 '불순물들'은 별 전체 질량의 2퍼센트밖에 차지하지 않는다. 즉 수소와 헬륨이 여전히 압도적으로 많은 원자인 것이다. 그러나 지구에는 무거운 원자들이 넘친다. 왜냐하면 휘발성 기체인 수소와 헬륨은 모든 내행성에서 탈출했기 때문이다. 반대로 거대한 행성 목성은 태양처럼 주로 수소와 헬륨으로 이루어져 있다. 이 행성은 갓 만들어진 태양을 에워싸는 원반의 차가운 바깥 부분으로부터 형성되었으며, 자체 중력은 이러한 가벼운 원자들을 잡아둘 정도로 충분하다.

태양보다 늙은 별들은 우리 은하가 그렇게 많이 '오염'되기 전에 형성되었을 것이다. 그래서 그 별들의 표면에는 태양에 비해 무거운 원소들이 부족하다. 별빛은 복잡한 스펙트럼을 가지며, 스펙트럼에서 각 종류의 원자는 자신만의 뚜렷한 색깔을 남긴다. 예를 들어 우리에게 익숙한 가로등은 나트륨의 노란색과 수은 증기의 푸른색을 방출한다. 사실 늙은 별에는 무거운 원자들이 적게 포함되어 있어 우리가 구성해 본 은하의 역사가 틀리지 않았음을 확실하게 보여 준다. 여기에 비해 헬륨은 아주 늙은 별에도 아주 풍부하다. 다음 장에서 논의하겠지만 그 이유는 다시 대폭발 이후의 최초 몇 분간에서 찾을 수 있다.

핵융합 반응의 효율성: $\varepsilon = 0.007$

우주에 존재하는 원소들의 비율을 설명하는 것과 창조자가 92개의 다른 손잡이를 돌릴 필요가 없다는 사실을 이해한 것은 천체물리학의 승리다. 일부 세부 사항은 여전히 불확실하지만, 본질은 딱 한 가지 수에 의존한다. 입자들(양성자와 중성자)을 결합시켜서 원자핵을 만드는 힘의 세기가 그것이다.

아인슈타인의 유명한 방정식 $E = mc^2$은 질량(m)이 광속(c)을 통해 에너지(E)와 관련된다는 사실을 말해 준다. 따라서 광속은 기본적인 중요성을 갖는다. 광속은 '전환 인자'를 결정한다. 즉 광속은 물질 1킬로그램이 에너지로 환산해서 얼마의 '가치'가 있는지 말해 준다. 질량이 에너지로 100퍼센트 전환될 수 있는 유일한 방법은 동일한 질량의 반물질(우리의 생존에는 다행스럽게도 우리 은하에 많이 존재하지 않는 물질)과 충돌했을 때뿐이다. 반물질 단 1킬로그램이 대형 발전소가 10년 동안 생산하는 에너지를 생산한다. 가솔린

같은 평범한 연료나 심지어 TNT 같은 폭발물조차도 그 자신의 '정지 질량 에너지'의 10억 분의 1밖에 방출하지 못한다. 가솔린이나 TNT는 화학 반응을 수반하지만, 원자핵은 변하지 않은 상태로 남겨 두고 그저 전자들의 궤도와 원자들 사이의 결합만을 개편하기 때문이다. 그러나 핵융합의 위력은 어떤 화학 폭발보다도 100만 배나 더 효율적이다. 헬륨 원자핵의 무게는 양성자 2개와 중성자 2개 무게의 99.3퍼센트에 해당한다. 나머지 0.7퍼센트는 주로 핵융합 과정에서 발생한 열로 방출된다. 따라서 태양을 움직이는 연료(핵의 수소 기체)는 헬륨으로 융합될 때 그 질량의 0.007을 에너지로 전환한다. 핵융합 반응으로 헬륨을 모두 철로 전환시켜도 질량의 0.01만큼만 에너지로 방출할 뿐이다. 그러므로 별의 일생에서 더 나중 단계들은 비교적 짧다(나중 단계들이 훨씬 더 짧은 까닭은 가장 뜨거운 별의 중심에서 여분의 에너지가 보이지 않게 중성미자로 유출되기 때문이다.).

간단한 원자들이 핵융합할 때 방출되는 에너지의 양은 원자핵에 있는 구성 요소들을 '결합'시키는 힘의 세기에 의존한다. 이 힘은 오직 매우 짧은 거리에만 작용하며 원자핵 규모에서만 효과적이기 때문에 내가 지금까지 논의한 두 힘, 즉 중력이나 전기력과는 다르다. 우리는 전기력과 중력을 '느낄 수' 있는 반면 그 힘을 직접 경험하지 못한다. 그러나 원자핵 안에서 양성자와 중성자를 단단히 움켜쥐고 있는 이 힘은, (양으로 하전된) 양성자들을 떨어져 나가게 할 전기적 척력과 경쟁할 정도로 강하다. 물리학자들은 이 힘을 '강력(강한 상호작용)'이라고 부른다.

미시 세계를 지배하는 힘인 '강력'은 헬륨과 더 무거운 원자핵 속에서 양성자들을 단단히 결합시키고 있다. 핵융합 반응으로 이 핵력의 에너지 중 일부가 밖으로 방출되어 지구에서 생명을 진화시키고 지적 생명체인 인류를 탄생시킨 에너지원이 되었다. 이 핵에너지가 없었다면, 100년 전 캘빈 경이 이야기했듯이, 태양은 1억 년도 되기 전에 수축했을 것이다. 핵력은 오직 짧은 범위 안에서만 작용하기 때문에 더 크고 무거운 핵에서는 비효율적이다. 철보다 무거운 핵들이 단단히 결합되지 않고 느슨하게 묶여 있는 것도 바로 이 때문이다.

ε의 조율

핵력은 중요하다. 하지만 그것들의 정확한 세기는 얼마나 중요할까? ε이 0.007이 아니라 0.006이나 0.008이라면 무엇이 달라질까? 언뜻 보기에 큰 차이가 없을 거라고 생각할지 모른다. 만약 ε이 더 작다면 수소는 덜 효율적인 연료가 될 것이고 태양과 별들은 그렇게 오래 살지 못하겠지만 이것은 본질적으로 중요하지 않다. 즉 우리는 이미 여기에 있고, 태양은 여전히 그 수명의 절반도 살지 않았기 때문이다. 그러나 수소를 주기율표의 나머지 원소들로 바꾸는 합성 과정에서, ε에 민감한 정밀한 효과들이 있는 것으로 드러났다.

이 사슬의 중대한 첫 번째 고리(수소로부터 헬륨의 형성)는 핵의 '강한 상호 작용'의 세기에 다소 민감하게 의존한다. 헬륨 원자핵은 양성자 2개뿐만 아니라 중성자도 2개 갖고 있다. 네 입자가 한 번에 조립된다기보다, 양성자 하나와 중성자 하나를 포함하는 중수소를 거쳐 헬륨 원자핵이 형성된다. 이때 만약 ε이 0.007이 아니라 0.006이라면, 양성자가 중성자에 붙지 않고 중수소는 안정되지 않을 것이다. 그러면 헬륨 형성의 경로가 차단된다. 그렇게 되면 우리는 양성자 1개의 주위를 전자 1개가 돌고 있는 수소로만 이루어진 더 간단한 우주를 갖게 된다. 그 세계에 화학은 존재하지 않을 것이다. 별은 그런 우주에서도 여전히 형성되겠지만(만약 그밖의 모든 것이 변하지 않고 그대로라면) 핵반응의 연금술은 전혀 일어나지 않을 것이다. 별은 수축하고 차가워져서 결국 쓸모없는 찌꺼기로 종말을 맞는다. 별이 만든 물질이 우주 공간으로 뿌려지는 폭발도 없고, 별의 부활도 없으며, 암석 행성을 만들 수 있는 무거운 원소도 존재하지 않는다.

그렇다면 언뜻 생각하기에 핵력이 훨씬 더 강하다면 핵융합이 더 효율적이어서 생명체에 더 이로웠을 거라는 생각이 든다. 그러나 만약 ε이 0.008보다 컸다면 우리는 존재하지 못했을 것이다. 왜냐하면 대폭발에서 살아남은 수소가 하나도 없었을 것이기 때문이다. 실제 우주에서 두 양성자는 서로를 굉장히 강력하게 밀어내므로 핵의 '강한 상호 작용'도 1~2개의 중성자(핵을 더 단단하게 '결합'시키는 핵력을 가지고 있지만, 하전되지 않아서 여분의 전자 척력을 전혀 미치지 않는다.) 도움 없이는 그것들을 결합시킬 수 없다. 만약 ε이 0.008이었다면 두 양성자는 직접 결합할 수 있었을 것이다. 이런 일은 초기 우주에서 쉽게 일어났을 테고, 따라서 평범한 별들에 연료를 제공할 수소가 남아나지 못했을 것이다. 그 결과 우리가 아는 생명의 필수 조건인 물이 결코 존재할 수 없었을 것이다. 따라서 복잡한 화학을 갖는 우주에서는 ε이 0.006~0.008 범위에 있어야 한다. 일부 특정한 세부는 훨씬 더 민감하다.

영국의 이론가 프레드 호일(Fred Hoyle)은 탄소와 산소가 별에서 정확히 어떻게 합성되고 있는지 계산하다가 가장 유명한 '미세조정'의 사례를 우연히 발견했다. 탄소(원자핵이 양성자 6개와 중성자 6개로 이루어져 있다.)는 헬륨 원자핵 3개가 결합해서 만들어진다. 3개 모두가 동시에 모일 가능성은 거의 없으며, 따라서 그 과정은 헬륨 원자핵 2개가 결합해서 베릴륨(양성자 4개와 중성자 4개)이 되고 그 다음에 또 다른 헬륨 원자핵과 결합해서 탄소가 되는 것이다. 그러나 호일은 이 베릴륨 원자핵이 불안정하다는 문제에 부딪혔다. 즉 베릴륨이 너무 빨리 붕괴해서 세 번째 헬륨 원자핵이 와서 달라붙을 가능성이 거의 없어 보였다. 그렇다면 어떻게 탄소가 생길 수 있을까? 탄소 원자핵이 매우 특별한 에너지인 '공명' 에너지를 가진다는 성질이 베릴륨이 붕괴되기 전 아주 잠깐 동안 또 다른 헬륨 원자핵을 붙잡을 가능성을 높여 주는 것으로 드러났다. 호일은 이 공명의 존재를 이론적으로 예측했다. 그는 동료들에게 그것을 측정하자고 설득했고 그의 예측은 사실로 드러났다. 우연처럼 보이는 이 핵물리학적 '사건'이 탄소의 형성을 가능하게 했다. 그러나 탄소와 또 다른 헬륨 원자핵을 붙잡아 산소가 되는 다음 단계의 과정에서는 이와 비슷한 효과가 공헌하지 못한다. 이 중대한 '공명'은 핵력에 대단히 민감하다. 핵력이 단 4퍼센트만 변해도 만들어질 수 있는 탄소의 양이 급격히 감소한다. 그래서 호일은 ε이 몇 퍼센트만 변해도 우리 인류의 존재는 위태로워졌을 거라고 주장했다.●

원소들의 형성 과정에 상관없이, ε의 변화는 주기율표의 길이에 영향을 미친다. 핵력이 더 약해지면 핵이 단단히 결합되어 있는 안정한 원자들의 수가 92개보다 적어진다. 반대로 ε이 더 커지면 무거운 원자의 안정성이 높아진다.

언뜻 생각하기에 원자들의 '메뉴'가 더 길어지면 더 흥미롭고 다양한 화학으로의 길이 열릴 것처럼 보인다. 그러나 항상 그렇지는 않다. 예를 들어 알파벳에 더 많은 문자가 있다고 해서 영어가 더 풍부해지지는 않을 것이다. 마찬가지로 보통 원소가 거의 없다고 해도 복잡한 분자가 무한히 다양하게 존재할 수 있다. 만약 산소와 철(각각 8번과 26번)이 없다면, 그리고 특히 탄소(6번)가 풍부하지 않다면 화학은 더 단조롭고 지루해질 것이다(그리고 생명에 필수적인 복잡한 분자는 존재하지 않을 것이다.). 하지만 풍부한 원소들의 수를

● 리비오(《네이처》, 340, 281, 1989)는 탄소 생산이 핵물리학에서 얼마나 민감하게 변할 수 있는지 계산했다.

증가시킨다고 해서, 또는 자연에 존재하는 92개의 안정한 원소보다 원소가 몇 개 더 많다고 해서 상황이 크게 달라지지는 않을 것이다.

중요한 것은 ε이 0.007이 아니라 0.006이나 0.008이었다면 탄소에 기초한 생물권이 존재할 수 없었다는 사실이다.

5
우리의 현주소 II: 우리 은하 너머

망원경 명 전화가 귀와 관련되듯이 눈과 관련된 장치로, 이 장치를 통해 먼 곳에 있는 물체들이 수많은 불필요한 세부 사항으로 우리를 골치 아프게 할 수 있다.

— 앰브로스 비어스

은하들

나는 주기율표의 원자들이 어떻게 만들어지는지 설명했다. 즉 우리가 별을 반짝이게 하는 연료의 부산물이라고, 아니 덜 낭만적이게 말해서, '핵의 찌꺼기'라고 설명했다. 이 과정들은 원자핵 안에서 양성자와 중성자를 결합시키는 '핵력'의 세기, 즉 수소가 헬륨으로 융합될 때 방출되는 에너지의 비율을 나타내는 우주의 수(ε = 0.007)에 의존한다. 그러나 원래의 양성자와 수소 원자는 어디서 왔고, 그 원시 재료가 어떻게 모여서 최초의 은하와 별이 되었을까? 이 물음에 대답하기 위해서 공간과 시간의 지평선을 외부 은하의 영역으로, 그리고 최초의 별이 탄생하기 이전의 시대로 확장해야 한다. 우리는 우리 우주를 전체적으로 설명하는 더 많은 구성 요소들을 만날 것이고, 인류의 출현 역시 미세하게 조율되고 있는 이 구성 요소에 의존한다는 사실을 알게 될 것이다.

별들이 모여서 은하가 되며, 그것이 바로 우주를 구성하는 기본 단위다. 우리 은하는 전형적이다. 수천억 개의 별이 주로 원반에 놓여 있으며, 이 원반은 별들이 평균보다 더 가까이 모여 있는 안쪽의 밝은 '팽대부' 주위를 돌고 있다. 은하 한가운데에는 태양보다 250만 배 더 무거운 질량을 가진 블랙홀이 숨어 있다. 빛 신호가 은하 중심에서 우리에게 도달하는 데에는 약 2만 5000년이 걸리며, 지구에 있는 우리는 원반의 가장자리 쪽으로 절반 이상 나아간 곳에 놓여 있다. 우리 태양의 위치에서는 원반의 다른 별들이 하늘을 가로지르는 띠에 모여 있는 것처럼 보이며, 우리는 이 띠를

'은하수' 또는 '젖의 길(milky way)'라고 부른다. 전형적인 별이 은하의 중심 주위를 한 번 도는 데에는 1억 년 이상이 걸린다(때로 '은하년'이라고 불린다.).

우주에서 우리 은하와 가장 가까운 이웃인 안드로메다 은하는 약 200만 광년 떨어져 있다. 안드로메다 은하의 별들 가운데 어떤 별의 주위를 돌고 있는 행성의 천문학자에게 우리 은하는, 우리가 보고 있는 안드로메다 은하처럼 보일 것이다. 우리 은하를 비스듬히 보면 은하 '중심'을 돌고 있는 별과 기체로 이루어져 있음을 알 수 있다. 대형 망원경이 있으면 수백만 개의 다른 은하를 볼 수 있다. 은하가 모두 원반형인 것은 아니다. 다른 중요한 부류는 이른바 '타원 은하'로, 이 은하에서는 별들이 원반형으로 모여 있지 않고 각 별이 다른 모든 별들의 중력적 인력을 느끼면서 더 불규칙한 궤도에 운집해 있다.

은하는 우주 공간에 무작위로 흩어져 있는 게 아니다. 대부분은 중력에 의해 은하군이나 은하단으로 묶여 있다. 우리 국부 은하군은 지름이 수백만 광년으로 은하수와 안드로메다 은하를 비롯한 더 작은 34개의 은하(이것은 적어도 최근에 계산된 것이다. 우리 국부 은하군의 아주 희미하고 작은 구성원들이 여전히 발견되고 있다.)를 포함한다. 중력은 안드로메다 은하를 초속 100킬로미터 정도의 속도로 우리 쪽으로 끌어당기고 있다. 약 50억 년 후에는 이 두 원반 은하가 충돌할지도 모른다. 그러한 충돌은 우주에서는 '일상적인' 사건이다. 우리는 더 깊숙한 우주에서 또 다른 은하와 충돌하는 듯한 은하들을 많이 본다.

은하들이 너무 거대하고 널리 퍼져 있는데다, 별들이 너무나 성기게 퍼져 있어서 개별적인 별들 사이의 충돌은 극도로 드물다 (우리 태양계의 이웃에서는 이 말이 확실히 사실이다. 왜냐하면 가장 가까운 별들조차도 희미한 광점처럼 보이기 때문이다.). 두 은하가 충돌하고 병합할 때도 별의 충돌은 거의 없을 것이다. 그저 각 별이 다른 은하에 있는 모든 것의 집합적인 중력을 느낄 뿐이다. 궤도들이 너무 뒤틀려서 별들은 별개의 두 원반에 있기보다는 무질서한 하나의 무리가 되고 만다. 이른바 타원 은하가 타원형으로 보이는 게 바로 이 때문이며, 아마도 (여전히 논쟁의 여지가 있기는 하지만) 대형 타원 은하가 이런 식으로 형성되는 게 아닌가 생각한다.

우리 우주의 구조

우리 국부 은하군은 수백 개의 은하들로 이루어진 군도(郡島)인 처녀자리 은하단의 가장자리에 있으며, 그 중심은 약 5000만 광년 떨어져 있다. 성단들과 은하단들이 모여 다시 훨씬 더 큰 집단이 된다. 이 거대 집단들 가운데 가장 가까운 것은 약 2억 광년 떨어져 있으며 은하들이 장막처럼 늘어서 있는 '큰 벽(Great Wall)'이다. 또 다른 집단인 '거대끌개(Great Attractor)'는 엄청난 중력으로 우리와 처녀자리 은하단 전체를 초속 수백 킬로미터로 끌어당긴다.

산악 풍경, 해안선, 숲, 혈관 같은 자연의 많은 현상들은 '프랙털'이다. 프랙털이란 어떤 작은 부분이 확대되면 전체와 유사한 수학적 특징을 갖는 특별한 패턴이다. 만약 우리 우주가 이와 같다면(즉 우리 우주가 은하단의 은하단의 은하단을 무한히 포함하고 있다면) 우리가 우주를 아무리 깊숙이 탐험해도, 그리고 아무리 큰 부피를 표본으로 삼아도, 은하들의 분포는 고르지 않을 것이다. 즉 더 깊숙이 탐사해도 우리는 그저 좀 더 큰 규모의 군집 계층을 표본으로 취할 수 있을 뿐이다. 그러나 우리 우주의 모습은 이렇지 않다. 강력한 망원경들은 수십억 광년 밖에 있는 은하들을 포착했다. 이렇게 훨씬 더 큰 부피 안에서 천문학자들은 처녀자리 은하단 같은 더 많은 은하단들과, '큰 벽' 같은 더 많은 특징들을 찾아냈다. 그러나 더 깊숙이 조사한다고 해서 훨씬 더 큰 규모의 뚜렷한 특징들을 발견할 수 있는 건 아니다. 하버드 대학교의 천문학자 로버트 커슈너(Robert Kirshner)의 말을 빌려 표현하면, 우리는 '광대함의 끝'에 도달한다. 한 면이 2억 광년(약 100억 광년 떨어져 있는 우리 관측의 지평선에 비해서는 여전히 작은 거리)인 상자는 최대 구조를 수용하고 우리 우주의 '상당한 표본'을 포함할 정도로 크다. 어디에 놓이든 그러한 상자는 통계적으로 유사한 방식으로 은하단과 섬유 모양의 구조 등으로 분류된 거의 똑같은 수의 은하를 포함한다. 군집 계층이 대규모 쪽으로 무한히 계속되지는 않는다.

따라서 우리 우주는 단순한 프랙털이 아니다. 더욱이 '매끄러운 규모'는 우리 망원경이 탐사할 수 있는 최대 거리에 비해 작다. 예를 들어 당신이 바다 한가운데의 배 위에 서 있다고 상상해 보라. 복잡한 패턴의 파도들이 주위를 에워싸면서 수평선까지 펼쳐질 것이다. 그러나 당신이 이 파도들의 통계치를 조사할 수 있는 까닭은 그 대부분을 충분히 멀리까지 볼 수 있기 때문이다. 바다의 가장 큰 파도들조차 수평선 거리에 비하면 훨씬 더 작으며, 당신은 눈에 보이는 것을 머릿속에서 좋은 표본이 될 만한 크기의 조각들로 나눌 수 있을 것이다. 여기에 바다 풍경과 산악 풍경 사이에 현저한 차이가 있다. 산악 지형에서는 웅장한 봉우리 하나가 종종 지평선을 가득 채우므로 바다 풍경처럼 의미 있는 평균을 정의할 수 없다(산악 풍경은 사실 프랙털과 유사하다. 프랙털의 수학은 영화에서 상상 속의 풍경들을 묘사하는 데 필요한 컴퓨터 그래픽 프로그램에 사용된다.).

우주의 구조는, 즉 별과 은하와 은하단과 초은하단은 넓은 범위의 면적을 포함한다. 지평선의 300분의 1도 안 되는 규모에서 은하들의 집중 정도는 장소마다 2배 이상 차이가 난다. 더 큰 규모에서 파동은 더 부드럽다(거대끌개 같은 뚜렷한 특징들이 몇 개 있기는 하지만.). 바다의 비유를 확장하면 초은하단은 가장 긴 뚜렷한 파도와 같다. 우리는 8장에서 이 규모가 아주 초기 우주에서 각인된 Q에 의존하며, 은하단과 초은하단의 '발달 초기 구조들(하늘에서 수백만 광년이나 뻗어 있는 구조들)'은 전체 우주가 극히 작았던 때로 거슬러 올라갈 수도 있다는 사실을 알게 될 것이다.

처음에는 우리 우주의 대규모 구조가 태양계 안에 있는 우리의 국지적인 거주지와 무관하다는 생각이 들지도 모른다. 즉 우리 은하가 10^{24}개의 별을 포함하든, 우리가 관측하는 1000억 개가 아니라 '단' 100만 개만 포함하든 중요하지 않은 것처럼 보일지 모른다. 또 우리 은하가 단 몇 개가 아니라 수백만 개의 다른 은하를 포함하는 은하단에 속해 있는지의 여부도 중요하지 않은 것처럼 보일지 모른다. 그러나 우리 우주보다 훨씬 더 거친 우주는 별과 행성에 호의적이지 않을 것이다. 반면에 너무 매끄러운 우주는 김빠지게 재미없을 것이다. 그런 우주에서는 은하와 별이 전혀 만들어지지 않고, 모든 물질이 얇게 퍼져 무정형이 된다.

이것이 바로 8장의 주제다. 그러나 잠시 매끄러운 대규모 구조의 또 다른 중대한 결과에 주목해 보자. 즉 매끄러운 대규모 구조는 우리 우주의 평균 성질(은하들의 인구통계학, 은하단들의 통계학 등)을 정의하게 함으로써 우주론을 가능하게 한다. 복잡한 산악 지형과 깊은 바다에도 불구하고, 지구를 '구형'으로 묘사할 수 있는 것처럼, 은하와 은하단에도 불구하고 우주의 매끄러움을 생각하는 것은 여전히 유용하다. 그러나 만약 산의 높이가 단 몇 킬로미터가 아니라 수천 킬로미터라면 지구를 '기본적으로 구형'으로 묘사하는 것은 더 이상 유용하지 않을 것이다.

훨씬 더 중요한 일은 우리 우주 전체가 정적인지, 팽창하고 있는지, 아니면 수축하고 있는지 같은 의미심장한 물음을 던질 수 있다는 것이다.

팽창

은하는 우리 우주의 '기본 요소'며, 과학자들은 거기서 나온 빛을 연구함으로써 은하가 어떻게 움직이고 있는지 추론할 수 있다. 전형적인 은하 안에 있는 1000억 개의 별들은 너무 희미해서 개별적으로 볼 수 없다. 즉 망원경은 많은 별에서 나온 전체 빛을 기록한다. 이 빛은 스펙트럼으로 분석할 수 있다. 우리는 어떤 별에서 나온 빛을 통해 그 별이 우리 쪽으로 다가오는(혹은 우리에게서 멀어지는) 속도를 알아내는 방법과, 별의 작은 진동을 반복 측정하여 그 별 주위를 도는 행성을 포착하는 방법을 살펴봤다. 마찬가지로 은하 전체의 스펙트럼을 통해 그 은하가 우리 쪽으로 다가오든(스펙트럼의 청색 이동) 우리에게서 멀어지든(적색 이동) 얼마나 빨리 움직이고 있는지 알 수 있다.

아마도 가장 중요한 사실은 멀리 있는 모든 은하에서 나온 빛이 붉은색 쪽으로 이동한다는 사실일 것이다. 이것은 외부 은하가 모두(우리 은하와 똑같은 은하단에 속해 있는 근처의 은하 몇 개를 제외하고) 우리에게서 멀어지고 있다는 말이다. 더욱이 적색 이동은 더 먼 은하의 경우에는 더 크다. 우리는 팽창하는 우주에 있는 것 같고, 팽창하는 우주에서는 은하단들이 시간이 갈수록 더 멀리 떨어져서 우주 공간에 더 널리 퍼진다.

적색 이동과 거리 사이의 간단한 관계는 1929년에 처음으로 그 법칙을 주장했던 에드윈 허블(Edwin Hubble)의 이름을 따서 명명되었다. 다른 은하의 관측자들도 멀리 떨어져 있는 지역들의 유사한 팽창을 목격할 것이다. 그러나 개별 은하(심지어 은하단조차) 자체는 팽창하고 있지 않다. 더군다나 이 팽창은 우리 태양계 혹은 더 국지적인 것에는 영향을 전혀 미치지 않는다.

그림 2의 M. C. 에스헤르(M. C. Escher, 네덜란드의 판화가—옮긴이)의 그림에 있는 막대들이 동일한 속도로 길어진다고 상상해 보자. 각각의 꼭짓점에 관측자가 서 있을 때, 모든 꼭짓점의 관측자는 다른 꼭짓점들이, 사이에 끼어 있는 막대의 수로 결정되는 속도로 멀어지는 걸 본다. 다시 말해서 다른 꼭짓점들의 후퇴 속도는 그것들의 거리에 비례한다. 은하들은 규칙적인 간격으로 떨어져 있지 않지만, 그럼에도 불구하고 은하단들이 모두 동일한 속도로 길어지는 막대들로 연결되어 있다고 상상하면 우주의 팽창을 마음에 그

5장 우리의 현주소 II: 우리 은하 너머   113

그림 2
에스헤르의 3차 공간 분할. 격자 안의 막대들이 모두 똑같은 속도로 길어지면, 꼭짓점들은 허블의 법칙에 따라 서로에게서 멀어진다. 그러나 특별한 꼭짓점은 없으며 중심도 없다.

릴 수 있다. 그림 속의 어떤 꼭짓점도 특별하지 않다. 그리고 마찬가지로 우주에서 우리 은하의 위치도 특별하지 않다(우리 은하가 임의의 장소에 놓여 있다고 해도, 우리는 그것을 임의의 시간에 관측하고 있지 않다. 그 이유는 나중에 분명히 알게 된다.). 우주론이 발전할 수 있었던 것은 우리 우주가 대규모 구조에서는 간단한 '허블 팽창'으로 설명할 수 있을 정도로 균일하기 때문이다. 우주에서는 모든 조각들이 유사하게 팽창하고 있는 것처럼 보인다. 국지적으로는 팽창을 광원이 이동하여 적색 이동이 발생하는 도플러 효과의 현상으로 생각할 수도 있지만, 겉보기 후퇴가 광속에 가까운 속도로 일어나는 대규모 구조에서는 적색 이동을 빛이 통과하는 동안에 공간 자체가 '늘어나서' 생기는 것으로 생각하는 게 낫다. 적색 이동의 양, 다시 말해서 파장들이 늘어나는 양은 빛이 우리 쪽으로 여행하는 동안 우주가 팽창하는(그리고 에스헤르 그림의 '막대들'이 길어지는) 양과 같다.

물론 적색 이동이 우주 팽창에 따른 현상이 아니라 빛이 장거리를 이동할 때 일어나는 특수한 물리 현상일지도 모른다. 적색 이동을 '빛의 피로' 현상이라고 주장하는 사람들이 있었고, 그런 식의 주장은 지금도 계속되고 있다. 그러나 모든 증거와 일치하는 존립 가능한 이론을 고안해 낸 사람은 없었다(그 이론은 모든 색깔의 빛이 동일한 양의 파장 변화를 일으키는 것을 설명해야 하며, 빛의 에너지가 떨어져 적색이동이 일어남에도 불구하고 먼 천체들의 상들이 흐릿해지지 않는 것을 설명하지 않으면 안 된다.).

팽창하지 않는 우주는 사실 대폭발 이론보다 훨씬 더 심각한 패러독스들을 수반한다. 별은 무한한 에너지를 갖고 있지 않다. 별은 진화하며 결국 그 연료를 다 써 버린다. 본질적으로 별들의 모임인 은하도 그렇다. 우리 은하에서 그리고 다른 은하에서, 별들이 어떻게 진화하는지 계산한 결과와 그것들의 특성을 비교함으로써 나이가 가장 많은 별의 연대를 측정할 수 있다. 가장 늙은 별은 약 100억 살이다. 이것은 우리 우주가 그보다 약간 더 긴 시간 동안 팽창만 해 왔다는 견해와 완전히 일치한다. 만약 우리 우주가 정적이라면, 모든 은하는 현재 위치에서 약 100억 년 전에 불가사의하게, 동시에, 갑자기 생겨났을 게 틀림없다. 팽창하지 않는 우주는 심각한 개념의 난점들을 수반할 것이다.

우주 팽창은 100억 년 전과 150억 년 전 사이에 시작되었을 게 거의 확실하므로, 우리 우주의 생일은 120억 년이나 130억 년 전일 것이다. 우리 우주의 나이가 이렇게 계속 불확실한 데에는 두 가지 이유가 있다. 하나는 우리가 은하들 사이의 거리를 (그들의 후퇴 속도와 달리) 정확하게 알지 못한다는 것이고 또 하나는 과거의 팽창 속도가 지금보다 얼마나 더 빨랐는지(혹은 더 느렸는지) 정확하게 모른다는 것이다.

과거를 보다

빛은 유한한 속도로 여행한다. 따라서 우리가 보고 있는 먼 지역들의 모습은 현재의 모습이 아니라 오래전 과거의 모습이다. 초기에 우주는 더 압축되어 있었을 것이고, 격자 안의 막대들은 더 짧았을 것이다. 따라서 그림 3에 있는 에스헤르의 「천사와 악마」는 우리가 실제로 보는 모습을 더 잘 표현한다.

우리는 매우 먼 은하가 가까이 있는 은하와 매우 다르게 보일 거라고 생각할 것이다. 그 은하의 빛은 여행하는 데 오랜 시간이 걸렸고 따라서 그 은하가 지금 우리에게 도달하는 빛을 방출했을 때는 더 젊고 덜 진화한 상태였다. 그 단계에서는 모든 원시 기체가 별로 응축되어 있지 않았다. 이러한 진화적 변화는 수십억 년이 지나야 분명해질 정도로 느리게 일어난다. 그러므로 어떤 경향을 발견하기 위해서는 빛이 수십억 년 전에 출발한 먼 은하들을 탐사해

그림 3

에스헤르의 「천사와 악마」. 빛의 속도가 유한하기 때문에, 먼 지역들의 경우 우리는 그곳의 먼 과거의 모습만 볼 수 있다. 지평선으로 갈수록 모든 게 더 압축되어 있는 것처럼 보인다.

야 한다.

우주의 팽창을 발견한 허블의 이름을 따서 명명된 허블 우주 망원경(Hubble Space Telescope, HST)은 대기의 블러링 효과(blurring effect, 사물이 뚜렷하지 않고 흐릿하게 보이는 현상)가 없는 상공에서 지구를 선회하며 매우 먼 지역들을 찍은 선명한 사진들을 제공해 왔다. 허블 우주 망원경은 감도가 대단히 뛰어나서 보름달의 100분의 1도 안 되는 지역에서도, 그리고 보통 망원경으로 볼 때 하늘의 검은 조각으로 보일 정도로 작은 시야에서도 문자 그대로 빽빽이 모여 있는 희미한 얼룩 수백 개를 드러내 보여 준다(나는 허블 우주 망원경이 포착한 놀라운 사진들이 1960년대에 갸날퍼 보이는 생물권을 가진 지구 전체의 모습을 우주에서 처음으로 찍은 영상들 못지않게 대중에게 깊은 감동을 줄 거라고 생각한다.). 다양한 모양을 가진 허블 우주 망원경 사진의 희미한 얼룩들은 우리가 육안으로 볼 수 있는 별보다 10억 배나 희미하다. 그러나 희미한 얼룩 하나하나가 크기가 수천 광년인 은하다. 이것이 그렇게 작고 희미하게 보이는 까닭은 너무 멀리 떨어져 있기 때문이다. 이 은하들은 근처에 있는 다른 은하들과는 다르게 보이는데 그 이유는 이들이 생겨난 직후의 모습을 보여 주기 때문이다. 즉 그것들은 대부분의 천문학 책에 실려 있는 다른 나선 은하들처럼 꾸준히 회전하는 원반으로 아직 안정되지 않았다. 어떤 것은 주로 아직 별이 되지 않은 발광성 기체로 이루어져 있다. 그 기체는 넓게 퍼져 있다. 대부분은 현대의 은하들보다 본질적으로 더 푸르게 보인다(물론 적색 이동을 보정한 뒤에). 왜냐하면, 지금쯤은 모두 죽었겠지만, 빛이 이 먼 은하들을 떠났을 때에는 무거운 청색 거성들이 여전히 빛나고 있었기 때문이다.

이런 아주 깊숙한 우주의 상들은 우리 은하에서 최초의 별이 밝게 빛나고 있을 때 우리 은하의 모습이 어떠했을지를 보여 준다. 우리 은하와 '쌍둥이'인 가까운 안드로메다 은하를 관측할 때면 안드로메다 인들이 훨씬 더 큰 망원경으로 우리를 보고 있는 게 아닐까 하는 생각이 들기도 한다. 아마 그럴지도 모른다. 그러나 이들 매우 먼 은하에서는 그렇게 '진보한' 생명체를 발견할 수는 없다. 왜냐하면 별이 생과 사의 순환을 거칠 만큼 충분한 시간을 보내지 않은 매우 원시적인 진화 단계의 은하들을 보고 있기 때문이다. 이 은하들은 아직 복잡한 화학을 갖고 있지 않다. 행성을 만들 산소와 탄소도 거의 없다. 그러므로 생명체가 존재할 가능성도 없다. 우리는 행성계의 기본 구성 요소들이 만들어지는 단계의 은하들을 보고 있다(우리가 탐지하는 빛은 사실 원자외선으로 방출되었다. 그러한 빛은 육

안으로도 발견할 수 없고, 그 빛이 대기를 통과할 수도 없다. 이 은하들에서 나온 원자외선이 우리에게 도달할 때쯤이면 붉은 가시광선으로 변한다. 이 덕분에 우리가 그 은하들을 관찰할 수 있는 것이다.).

가장 먼 은하들은 빛의 파장이 6배 이상 늘어날 정도로 크게 적색 이동하며 은하에서 빛이 출발한 이후 우주가 그만큼 팽창했음을 말해 준다. 만약 우리 우주가 일정한 속도로 계속 팽창해 왔다면, 우주가 현재 크기의 6분의 1이었을 때(거리, 즉 에스헤르의 격자에 있는 막대들이 6배 더 작을 때)는 나이도 현재 나이의 6분의 1이었을 것이다. 이 말은 언뜻 생각하기에 어렵게 느껴질지도 모른다. 빛이 우리에게 다시 돌아오기 위해서 우리 우주의 현재 나이의 6분의 5가 걸린다면, 어떤 은하가 광속의 5배로 멀어지고 있어야 한다는 말이 아닐까? 그러나 모순은 없다. 아인슈타인의 특수 상대성 이론은 빛보다 빨리 움직일 수 있는 것은 없다고 말해 준다. 그러나 그 이론은 또한 빨리 움직이는 시계가 느리게 간다는 사실도 말해 준다. 어떤 시계가 광속의 98퍼센트로 움직인다면 그 시계가 1년의 시간 경과를 표시하는 동안 시계 자체는 5광년을 여행한다.

그러나 은하의 후퇴 속도가 일정하지 않기 때문에 상황은 사실 훨씬 더 복잡하다. 중력적 인력은 우주 팽창을 감속시켜 결국 중단시키려는 경향이 있다. 그러나 (7장에서 살펴볼 것처럼) 팽창을 가속하는 또 다른 힘이 작용하고 있는지도 모른다. 아무튼 우리는 먼 은하들이 얼마나 먼 과거의 산물인지(혹은 공간적으로 얼마나 멀리 떨어져 있는지)는 정확하게는 모른다. 그저 우주가 현재 나이의 10분의 1 정도 되었을 때 빛이 떠났다고 추측하는 게 가장 좋다.

우주론자들은 과거의 '화석들'인 늙은 별과 우리 은하가 젊었을 때 합성된 화학 원소들을 연구한다. 그런 면에서 그들은 우리 지구와 그 동물군이 어떻게 진화했는지를 추론하려고 애쓰는 지질학자나 고생물학자와 유사하다. 그러나 우주론자들은, 실험도 할 수 없고 '역사적' 증거에만 의존해야 하는 다른 과학자들보다 유리하다. 망원경으로 하늘을 보면 '우주의 진화'를 눈으로 볼 수 있기 때문이다. 즉 수십억 년 전에 빛이 떠난 먼 은하들의 집단은 우리 은하 근처에 있는 은하들과는 다르게 보인다. 대규모의 균일성 때문에 우주의 모든 부분들은 유사한 역사를 가진다. 그러므로 이들 먼 은하는 적어도 통계학적으로는 우리 은하와 안드로메다 은하와 근처의 다른 체계들이 수십억 년 전에 보였을 모습과 유사하게 보인다.

망원경의 시계(視界)는 시야의 한계를 넓혀 주는 길고 가는 원뿐이다. 지구로부터 특정한 거리만큼 떨어져 있는 천체들은 과거의 특정한 시기에 대해 말해 준다. 남극의 빙하에서 파낸 아이스 코어(ice core)에서 지구 기후의 역사를 밝혀낼 수 있는 것과 마찬가지로 더 먼 거리를 탐사함으로써 우리는 더 오래 된 과거를 탐사한다.

허블 우주 망원경은 계획 지연과 시행착오와 비용 초과 같은 문제들을 끊임없이 달고 다녔지만, 천문학자들은 이제 그 망원경에 걸었던 소망들을 달성했다. 초점이 맞지 않던 반사경은 1994년에 최초의 유인 보수 비행으로 보정되었으며, 탑재된 광탐지기도 업그레이드되었다. 사고가 없다면 2010년까지 임무를 계속 수행할 수 있으며, 그 시기쯤이면 아마 훨씬 더 큰 우주 망원경들이 배치될 것이다. 그러나 지상에 더 큰 신세대 망원경을 건립하는 일도 똑같이 중요하다. 지상 망원경의 8~10미터 거울은 집광 면적이 허블 우주 망원경보다 16배나 커서 먼 은하로부터 오는 빛을 훨씬 더 많이 모을 수 있다. 하와이의 마우나케아 산에 있는 2대의 켁(Keck) 망원경이 최초로 사용된 신세대 장비들이었지만 지금은 몇 대가 더 있다. 가장 인상적인 것은 각각 8미터 거울을 갖고 있는 망원경 네 대를 연결한 초대형 망원경(Very Large Telescope)으로 유럽 국가들의 컨소시엄으로 칠레 안데스 산맥에 건립되었다.

그러나 지상 망원경으로부터 얻은 상의 선명도는 대기의 교란으로 인한 블러링 현상 때문에 한계가 있다. 이런 한계는 2개 이상의 망원경을 연결해서 상을 결합시키거나, 대기 중의 요동을 보정하기 위해 거울을 계속 미세하게 조정하는 이른바 '적응 광학'으로 극복할 수 있다.

이 훌륭한 장비들은 최초의 은하들이 형성되던 시기의 우주의 모습을 사진에 담는다. 은하보다 먼저 형성된 별들이 있을지 모르지만 너무 희미해서 보이지 않는다. 이것들이 나중에 뭉쳐서 더 큰 구조가 되었다. 은하의 '신진대사율'은 기체가 응축되어 별이 되는 속도이다. 이것은 우주가 현재 나이의 4분의 1 정도 되었을 때 절정에 달했던 것 같다(하지만 최초의 별빛은 훨씬 더 일찍 나타났다.). 지금은 '성숙한' 은하들의 기체 대부분이 이미 늙은 별들 속에 포함되었기 때문에 밝은 별들이 더 적게 형성되고 있다.

이것이 대부분의 우주론자들이 받아들이는 시나리오다. 살을 붙여서 세부 내용을 충실하게 하려면 더 많이 관측하고 별들이 어떻게 형성되는지 더 완벽하게 이해해야 한다. 우주론자들의 목적은 우리가 현재 은하에 대해 알고 있는 모든 사실과 일치할 뿐만 아니라, 그것들이 어떻게 보이며 더 초기의 시대에는 어떻게 모여 있었는지를 모순 없이 설명하는 시나리오를 얻는 것이다. 데이터가 빈약할 때에는 완전히 틀린 몇몇 이론과 일치할 수도 있다. 그러나 증거가 축적되면 모든 상황이 들어맞는 단 하나의 그림으로 나아가게 된다.

> 거리가 증가함에 따라 우리의 지식은 급속도로 감소하며 결국 우리 망원경의 최대 한도인 희미한 경계에 도달한다. 그 경계 영역에서 우리는 어두운 천체들을 측정하고, 여러 측정치의 유령과도 같은 오차에서 조금이라도 중요해 보이는 특징들을 찾는다. 이러한 탐색은 계속된다. 경험적 연구 대상이 모두 소진될 때까지 우리는 추론의 망상에 의존할 필요가 없다.

인용한 글은 에드윈 허블의 고전 『성운의 세계(*The Realm of the Nebulae*)』(1936)의 결론이다. 허블은 최근의 진보에 기뻐했을 것이고, 아마도 놀라워했을 것이다. 이런 진보가 가능했던 것은 그의 이름을 가진 우주 망원경과 새로운 지상 망원경들 덕분이다.

은하가 존재하기 이전

어떤 은하도 형성될 수 없었던 훨씬 더 이전의 시대는 어떨까? 모든 게 정말로 밀도가 높은 하나의 '시작점'에서 생겼다는 최고의 증거는, 은하간 공간이 완전히 차갑지 않다는 사실이다. 이 온기가 '창조의 여운'이다. 그것은 강도는 훨씬 더 약하지만 오븐에서 열을 발생시키는 마이크로파로 나타난다. 지난 1965년에 최초로 '우주 배경 복사'를 발견한 일은 우주 팽창을 발견한 이후 우주론 분야에서 이루어진 가장 중요한 진보였다. 나중에 이루어진 측정들은 이 마이크로파가 매우 뚜렷한 성질을 갖고 있음을 확인시켜 주었다. 다양한 파장에서의 세기를 그래프로 나타내면, 물리학자들이 '흑체 곡선' 혹은 '열 곡선'이라고 부르는 곡선을 그린다. 보통 복사가 주위 환경과 균형을 이루었을 때(별의 중심부나, 오랫동안 꾸준히 타오른 용광로에서 일어나는 것처럼) 이런 특별한 곡선이 만들어진다. 마이크로파가 정말로 모든 게 뜨겁고 밀도가 큰 불투명체로 압축되었던 우리 우주의 '불덩어리' 단계의 잔재라면 마이크로파의 파장에 따른 세기는 '흑체 곡선'을 그리게 된다.

이것과 관련된 가장 정확한 측정들은 1990년대에 NASA의 우주 배경 복사 탐사(COBE) 위성이 해 냈다. 실험자들은 결과를 제시할 때 전통적으로 불확실성의 범위를 나타내는 '오차 막대'를 그리지만, COBE 데이터의 경우 '막대들'이 흑체 곡선의 두께보다 더 짧았기 때문에 그릴 수 없었다. 1만 분의 1의 정확도를 가진 진실로 놀라운 이 측정은 우리 우주의 모든 것이 한때 태양의 중심보다 더 뜨거운 압축 기체였다는 사실을 의심의 여지없이 확인시켜 주었다.

우주의 현재 평균 온도는 절대 영도보다 2.728도 높다. 이것은 섭씨 −270도 정도로 극도로 차갑다. 그러나 은하간 공간에는 여전히 많은 열이 있다. 1세제곱미터마다 4억 1200만 개의 양자 복사 에너지, 즉 광자가 들어 있다. 이것에 비해 우주 안에 있는 원자들의 평균 밀도는 1세제곱미터당 0.2개 정도에 불과하다. 이 후자의 수는 흩어진 기체나 '암흑' 물질 속에 원자가 얼마나 많은지 확실히 모르기 때문에 정확히 알 수 없다. 그러나 우주의 원자 하나당 약 20억 개의 광자가 있는 것 같다. 우주가 팽창하는 동안 원자와 광자의 밀도도 모두 감소한다. 그러나 감소율이 동일하므로 원자에 대한 광자의 비율은 동일하게 유지된다. '물질'에 대한 '열'의 이 비율이 굉장히 크기 때문에, 초기 우주는 종종 '뜨거운'

대폭발이라 불리기도 한다.

그러나 뜨거운 초기 상태는 오래 지속되지 못했을 것이다. 온도가 10억 도를 넘은 것은 단 몇 분 동안뿐이었을 것이다. 약 5000만 년 뒤, 우주는 태양의 표면 온도보다 약간 더 차가운 3000도로 냉각되었다. 이것은 우주 팽창 과정이 중요한 단계에 돌입했음을 뜻한다. 그 시간 이전에는 전자들이 핵에서 떨어져 나와 자유롭게 움직일 정도로 뜨거웠다. 그러나 그 후 전자들은 핵에 달라붙어서 전기적으로 중성인 원자를 만들 정도로 느려졌다. 이 중성 원자는 더 뜨거웠던 초기 단계의 자유 전자만큼 효율적으로 복사할 수 없다. 따라서 원시 물질은 그 후에 투명해졌을 것이다. '안개'가 걷혔을 것이기 때문이다. 팽창하는 동안 온도는 우주의 크기(에스헤르의 격자에 있는 막대들의 길이)와 반대로 감소한다. COBE 위성이 탐지한 마이크로파는 우리 우주가 1,000배 이상 압축되었던 시대, 즉 온도가 2.7도가 아니라 3,000도고 은하가 존재하기 오래전인 시대의 잔재다. 최초의 불덩어리에서 나온 강렬한 복사는, 비록 팽창으로 냉각되고 희박해졌지만 여전히 우주 전체에 널리 퍼져 있다.

종종 사용되는 폭발 비유는 대폭발이 어떤 특별한 중심에서 시작되었다는 오해를 불러일으킨다. 그러나 우리가 식별할 수 있는 한, 지구에 있든, 안드로메다 은하에 있든, 심지어 우리에게서 가장 먼 은하에 있든 관측자는 누구나 똑같은 패턴의 팽창을 본다. 우주가 한때 단 하나의 점으로 압축되었을 수도 있다. 하지만 우주에 흩어져 있는 모든 관측자는 자신이 있는 곳에서 우주가 시작했다는 주장을 할 수 있다. 그러므로 현재 우리 우주의 어떤 특별한 장소에서 우주 팽창이 기원했다고 말할 수는 없다.

초기 우주의 '높은 압력'이 팽창을 추진하고 있다고 생각하는 것도 옳지 않다. 폭발은 압력이 균형을 잃었기 때문에 발생한다. 지구의 폭탄이나 우주의 초신성이 폭발하는 까닭은 내부의 갑작스러운 압력 상승으로 파편들이 압력이 낮은 환경으로 날아가기 때문이다. 그러나 초기 우주의 압력은 모든 곳에서 동일했다. 우주에는 가장자리도 없고 바깥에 '텅 빈' 지역도 없다. 원시 기체는 팽창하는 상자의 내용물과 마찬가지로 차가워지고 희박해진다. 압력과 열에너지로 인한 여분의 중력이 사실상 팽창을 늦춘다. •

이것은 모순이 없는 묘사지만 몇 가지 미스터리를 남긴다. 무엇보다도 (폭발 비유가 결함이 있기 때문에) 이 묘사는 팽창이 왜 일어나는지를 설명하지 못한다. 표준 대폭발 이론은 그저 모든 게 팽창을 계속할 수 있는 충분한 에너지를 가지고 시작되었다고 가정한다.

우주가 왜 팽창하고 있는가에 대한 답은 훨씬 더 초기 단계에서 찾아야 하지만 우리는 직접적인 증거도 갖고 있지 않고 그것을 설명하는 데 필요한 물리학을 확실히 이해하지도 못한다.

'대폭발(big bang)'이라는 이름은 1950년대에 케임브리지의 유명한 이론가 프레드 호일(이미 4장에서 탄소의 기원에 대한 그의 통찰 때문에 언급했다.)이 마음에 들지 않는 팽창 우주 이론을 조롱하는 뜻으로 도입한 것이다. 호일 자신은 우주가 팽창하더라도 팽창으로 벌어진 틈새에서 새로운 원자와 새로운 은하가 계속 만들어져서 평균 성질이 결코 변하지 않는 '정상 우주'를 선호했다. 당시에는 우주의 진화를 확인할 수 있을 정도로 멀리까지 관측할 수 없었으므로 어느 쪽도 증거가 없었고 우주론은 안락의자에 앉아 공상하는 사람들의 것이었다. 그러나 우주가 과거와 다르다는 증거가 나타나자마자 정상 우주론은 외면당했다. 비록 틀린 것으로 드러나기

● 아인슈타인 이론에 따르면, 중력적 인력은 밀도만이 아니라 〔(밀도)+3(압력)/c^2〕에 의존한다. 복사압이 중요해지는 경우에 두 번째 항을 제외하면 2배의 차이가 생긴다. 그러나 우리는 7장에서 빈 공간에도 약간의 에너지가 있을지 모른다는 사실을 알게 될 것이다. 만약 그렇다면 그 에너지는 음의 압력을 갖게 된다('장력'처럼). 그러면 두 번째 항이 첫 번째 항을 상쇄시켜 주요한 질적 변화를 일으킨다. 즉 팽창이 늦춰지기보다 가속된다. 직관에 반하는 이런 결과는 초기의 급팽창 우주에서 중요하며, 또한 빈 공간의 에너지(λ, 7장 참조)가 지배적이라면 현재에도 중요하다.

는 했지만 정상 우주론은 매우 명쾌하고 시험 가능한 예측을 했다는 점에서 '좋은' 이론이었다. 그것은 관측자들을 자극했고 관측 기술의 한계까지 밀어붙였다(이런 의미에서 '나쁜' 이론은 어떤 데이터도 설명할 수 있도록 조정 가능한 융통성 있는 이론이다. 뛰어나고 오만한 물리학자 볼프강 파울리(Wolfgang Pauli)는 그런 막연한 생각들을 "심지어 나쁘지도 않다."라고 비웃고는 했다.). 호일 자신은 대폭발에 결코 완전히 만족하지 않았지만 회의적인 동료들이 '정상 폭발'이라고 부른 절충안을 받아들였다.

대폭발에서의 핵반응

대폭발 이론에 따르면 우리 우주는 별의 중심보다 뜨거운 상태에서 시작되었다. 그렇다면 대폭발이 진행되는 동안 원시적인 수소 원자핵들이 왜 모두 철로 변하지 않았을까? (철 원자핵은 다른 어떤 것보다도 단단히 결합되어있으며, 가장 크고 가장 뜨거운 별의 중심에서 만들어진다는 사실을 명심하라.) 만약 이런 일이 일어났다면 현재 우리 우주에는 수명이 긴 별이 존재할 수 없었을 것이다. 왜냐하면 이용할 수 있는 모든 연료가 초기의 불덩어리에서 고갈되었을 것이기 때문이다. 즉 기체 상태의 철로 이루어진 별은 존재할 수 있지만 캘빈 경이 태양을 두고 생각했던 것처럼 수십억 년이 아니라 수백만 년 안에 수축하고 말 것이다. 다행히 처음 몇 분간의 팽창은 핵반응이 원시 물질을 철로(심지어 탄소와 산소 등으로도) '가공'할 수 있는 충분한 시간을 허락하지 않았다. 초기의 핵반응으로 수소의 23퍼센트 정도가 헬륨으로 바뀌겠지만 대폭발 자체에서는 주기율표의 더 높은 원소들이 전혀 생기지 않는다(리튬을 미량도 만들지 못한다.).

그러나 이 원시 헬륨은 중요하며 우리에게 대폭발 이론에 대한 확증을 준다. 가장 늙은 천체(탄소와 산소 등으로 인한 오염이 태양에서보다 100배 더 적다.)조차도 23~24퍼센트의 헬륨을 포함하는 것으로 밝혀졌다. 헬륨이 이것보다 덜 풍부한 곳에서는 어떤 별도 은하도 성운도 발견되지 않았다. 은하가 마치 순수한 수소로 시작된 게 아니라 이미 수소와 헬륨의 혼합물이었던 것 같다는 생각이 들 정도다(태양의 외곽 층은 27퍼센트의 헬륨을 갖는다. 23~24퍼센트와 차이가 나는 여분의 3~4퍼센트는 우리 태양계가 만들어진 구름 안에 분명히 있었을 수명이 짧은 초기의 별들 속에서 탄소와 산소와 철과 함께 만들어졌을 헬륨의 양과 같다.).●

● 태양의 중심과 외곽 층은 뒤섞이지 않는다. 따라서 45억 년의 역사에 걸쳐 태양을 계속 빛나게 한 핵융합으로 소비된 연료 때문에 핵에는 헬륨이 훨씬 더 많을 것이다.

우리 은하가 젊었을 때 우리 태양보다 수십억 년 먼저 만들어진, 천천히 연소하는 저질량 별들은 살아남는다. 이 별들은 우리 태양보다 탄소와 산소와 철을 훨씬 더 적게 포함한다. 물론 호일이 최초로 주장했듯이, 무거운 원소들이 은하의 역사에 걸쳐 점차 축적된다면 이것은 자연스러운 일이다. 호일의 견해는 주기율표의 원소들 전체가 초기 우주에서 '조리'되었다는 조지 가모브(George Gamow)의 생각과 대조를 이룬다. 만약 가모브가 옳아서 이 원소들이 최초의 별들과 은하들보다 먼저 생겨났다면 원소의 양은 젊은 별이나 늙은 별이나 똑같을 것이다.

계산에 따르면 대폭발에서 풍부하게 만들어진 원소는 헬륨뿐이다. 이 계산은 헬륨이 그렇게 많고 그 양이 일정한 이유를 설명해 주기 때문에 만족스럽다. 헬륨을 대폭발의 덕분으로 돌리자 오랫동안 풀리지 않았던 문제가 해결되었고, 우주론자들은 우주 역사의 처음 몇 초를 진지하게 받아들이게 되었다.

덤으로 대폭발은 또 다른 종류의 원자를 설명해 준다. 중수소가 바로 그것이다. 중수소의 원자핵은 양성자 하나뿐만 아니라 중성자도 하나 갖는다. 따라서 여분의 질량은 있지만 여분의 전하는 없다. 중수소의 존재는 미스터리다. 왜냐하면 이것은 별에서는 만들어진다기보다 파괴되기 때문이다. 핵융합 반응의 연료로서 그것은 보통 수소보다 점화되기 쉽다. 따라서 갓 형성된 별은 초기에 수축하는 동안 중수소를 다 태워 버린 다음에야 수소를 연소시키기 시작할 것이다.

헬륨과 중수소는 압축된 우주의 온도가 (우수리 없는 수로) 30억 도였을 때 만들어졌다. 이것은 현재보다 10억 배 정도 높은 온도다. 우주가 팽창할 때, 우리는 에스헤르의 격자 막대들 그림2이 길어지는 모습을 상상할 수 있다. 복사 파장은 막대 길이에 비례해서 늘어나며 온도는 길이의 역수로 감소한다. 이것은 온도가 약 30억 도(지금처럼 3도 정도가 아니라)일 때, 막대들은 10억(10^9) 배 더 짧아지고 밀도는 그 인자의 세 배인 10^{27}배 더 높아진다는 것을 의미한다. 그러나 우리의 현재 우주는 이렇게 엄청난 비율로 압축되었을 때조차도 공기보다 밀도가 훨씬 더 작을 정도로 성겼다(1세제곱미터당 원자 0.2개 정도)! 온도는 그때 개개의 핵이 끊임없이 빠른 운동을 하고 있었을 정도로 높았다. 실험실에서는 수소와 헬륨 원자핵이 헬륨이 형성되었을 때와 똑같은 에너지로 충돌할 때 무슨 일이 일어나는지 조사할 수 있다. 따라서 이 계산들은 상당히 전통적이고 기초가 튼튼한 물리학에 바탕을 두고 있다.

만약 현재의 밀도가 1세제곱미터당 0.2원자라고 한다면, 우주 탄생 초기의 '불덩어리'에서 만들어지는 수소와 헬륨, 그리고 중수소의 상대적 비율은 오늘날 우리의 관측과 잘 들어맞는 것으로 계산된다. 이는 참으로 만족스러운 결과다. 왜냐하면 관측된 비율이 대폭발 이론의 예측과 완전히 달랐을 수도 있고, 또 원소 사이의 비율이 비슷하게 나오더라도 우주 밀도가 관측된 값에 비해 훨씬 낮거나 훨씬 높게 나왔을 수도 있기 때문이다. 앞에서 살펴본 것처럼, 1세제곱미터당 0.2원자는 우리 우주 안에 있는 은하들과 기체의 밀도를 매끄럽게 편 것에 가깝다(다음 장에서 논의되겠지만, 이것은 '암흑 물질'에 대한 중요한 의미를 함축하고 있다.).

6
섬세한 우주 팽창 조율기: 암흑 물질과 Ω

영원은 매우 길며, 특히 종말에 가깝다.

―우디 앨런

임계 밀도

약 50억 년 뒤 태양은 죽을 것이다. 그리고 지구도 함께 종말을 맞을 것이다. 거의 동시에(10억 년 정도의 차이는 있다고 하더라도), 은하로서는 우리의 가장 가까운 대형 이웃이며 우리 은하와 같은 은하단에 속해 있고 사실상 우리 쪽으로 다가오고 있는 안드로메다 은하가 은하수와 충돌할 것이다.

이렇게 전반적이고 장기적인 예측들을 믿을 수 있는 까닭은 태양 내부에서 일어나는 기본적인 물리 현상과 별과 은하 사이에서 작용하는 중력이, 지난 50억~100억 년 동안 그래 왔던 것처럼 앞으로 50억 년 동안 같은 방식으로 작용할 것이라고 가정할 수 있기 때문이다. 그러나 (더 흥미로울 것이 분명한) 세부 사항은 많이 예측할 수 없다. 우리는 앞으로 50억 년 동안에도 지구가 여전히 태양에 세 번째로 가까운 행성일지 확신할 수 없다. 그렇게 긴 시간 속에서는 행성의 궤도들조차도 '무질서하게' 바뀔 수 있다. 그리고 그 시간의 100만 분의 1도 안 되는 시간 동안 지구 표면에서 어떤 변화가 일어날지는, 특히 인간이 생물권을 그 어느 때보다도 급속히 변화시키고 있는 현재 상황에서는 확실하게 예측할 수 없다.

태양은 연료를 아직 절반도 연소시키지 않았다. 생물학적 진화의 전 과정에서 태양은 살아 온 시간보다 앞으로 살 시간이 더 많다. 그리고 은하는 태양보다 훨씬 더 오래 산다. 지금은 생명체가 지구에만 있지만, 은하와 그 너머로 퍼질 수 있는 충분한 시간이 있다. 생명체와 지적 존재는 결국 별과 심지어 은하에까지 영향을 미칠 것이다. 나는 더 이상의 추측을 삼갈 것이다. 그러나 그것은 이런 생각이 본질적으로 불합리하기 때문이 아니라 우리가 전혀 예측할 수 없을 정도로 다양한 시나리오들(대부분 공상 과학 소설과 유사할 것이다.)이 열려 있기 때문이다. 반대로 우리 우주 전체에 대한 장기적 예측은 탄탄한 근거를 바탕으로 하고 있다.

우리 은하는 확실히 지금으로부터 50억 년이나 60억 년 후면 거대한 충돌로 종말을 맞을 것이다. 그러나 우리 우주의 운명은 어떻게 될까? 영원히 팽창을 계속할까? 먼 은하들이 우리에게서 훨씬 더 멀어질까? 아니면 이런 운동들이 역전되어서, 결국 하늘 전체가 '대함몰'로 다시 붕괴할까?

대답은 중력과 팽창 에너지 사이의 '경쟁'에 달려 있다. 커다란 소행성이나 행성이 산산조각 나는 상황을 상상해 보라. 만약 이 파편들이 충분히 빨리 흩어진다면 영원히 멀어질 것이다. 그러나 만약 붕괴가 그다지 격렬하지 않다면 중력 때문에 운동이 역전되어 조각들이 다시 모일 것이다. 우리 우주라는 거대한 존재의 경우에도 상황은 마찬가지다. 우리는 지금 우주의 팽창 속도를 알고 있다. 그렇다면 중력이 과연 팽창을 멈추게 할까? 결과는 얼마나 많은 물질이 중력적 인력에 영향을 미치는가에 따라 달라진다. 우주의 밀도가 어떤 임곗값을 넘고 어떤 다른 힘이 개입하지 않는다면 중력이 결국 팽창을 저지할 것이다. 그리고 우리 우주는 붕괴할 것이다.

우리는 이 임계 밀도가 얼마인지 쉽게 계산할 수 있다. 임계 밀도는 세제곱미터당 원자 5개 정도다. 그리 많아 보이지 않는다. 사실 그것은 지구의 실험자들이 만들어 낼 수 있는 것보다 완벽한 진공에 훨씬 더 가까운 상태다. 우주는 임계 밀도 상태보다 진공 상태에 훨씬 더 가까운 것 같다.●

태양이 오렌지라고 하자. 그러면 지구는 20미터 떨어져서 그 주위를 돌고 있는 1밀리미터 크기의 알갱이다. 똑같은 규모로 묘사할 때, 가장 가까운 별은 1만 킬로미터 떨어져 있다. 우리 은하 같은 은하에서 물질은 이런 정도로 희박하게 퍼져 있다. 그러나 은하는 별이 특히 많이 모여 있는 집단이다. 만약 모든 은하의 모든 별을 은하간 공간에 흩어 놓는다면 각 별 사이의 거리는 지금처럼 은하 안에 있을 때보다 수백 배는 더 멀어질 것이다. 우리의 크기 모형에서, 각 오렌지 사이의 거리는 가장 가까운 이웃의 경우, 수

● 임계 밀도의 정확한 값과, 여기에 인용된 다른 밀도들 일부는 우주의 실제 규모(이른바 '허블 상수'를 결정하는 문제 때문에 10~20퍼센트의 정확도로만 알려져 있다.)에 의존한다. 이 주제들은 그 자체만으로도 책 한 권을 쓸 수 있을 정도로 중요하다. 그러나 나는 전문가들을 위해, 여기서 인용된 수들이 65km/sec/Mpc라는 허블 상수(보통 단위로)에 해당한다는 사실을 언급해야만 한다.

백만 킬로미터가 될 것이다.

만약 모든 별이 분해되어 원자들이 우리 우주에 균질하게 퍼진다면, 10세제곱미터마다 1개의 원자가 있게 될 것이다. 은하들 사이에 흩어져 있는 기체의 원자 밀도가 그 정도다(더 많을 것 같지는 않다.). 그것은 세제곱미터당 0.2원자로, 중력이 우주의 팽창을 멈추게 하는 데 필요한 세제곱미터당 5원자의 임계 밀도보다 25배 더 작다.

암흑 물질이 얼마나 많을까?

임계 밀도에 대한 실제 밀도의 비는 중요한 수다. 우주론자들은 이것을 그리스 문자 Ω로 나타낸다. 우주의 운명은 Ω가 1보다 큰지 작은지에 따라 결정된다. 우리가 어림한 우주 공간 원자들의 실제 평균 밀도를 가지고 Ω를 계산해 보면 0.04밖에 되지 않는다. 이것은 우주의 영원한 팽창을 예고하는 것 같다. 그러나 너무 성급하게 결론 내려서는 안 된다. 우리는 지난 20년 동안의 연구를 통해 우주에는 우리가 실제로 보는 것보다 훨씬 더 많은 물질이 있으며, 그런 보이지 않는 물질이 주로 미지의 성질을 갖고 있는 '암흑 물질'로 이루어져 있음을 알게 되었다. 빛을 내는 천체(은하와 별과 빛을 내는 기체 구름)는 실제로 존재하는 물질 중에서 소량에 불과하며 전형적이지도 않다. 이것은 우리 지구의 하늘에서 가장 뚜렷하게 보이는 구름이 실은 다른 구성 물질에 비해 대기에서 차지하는 비중이 훨씬 적은 수증기로 이루어진 것과 마찬가지다. 우주에 있는 대부분의 물질은, 그리고 Ω에 기여하는 주요 물질은 어떤 빛도, 적외선 열도, 전파도, 어떤 다른 종류의 복사도 내지 않기 때문에 발견하기가 어렵다.

암흑 물질에 대한 누적된 증거는 이제 거의 의심의 여지가 없다. 별과 은하가 움직이고 있는 방식을 보면 보이지 않는 무언가가 중력적 인력을 미치고 있다는 것을 알 수 있다. 이것은 어떤 별이 보이지 않는 짝의 주위를 돌고 있는 것으로 밝혀졌을 때 블랙홀의 존재를 추론하는 방법과 동일한 방법으로 알아낼 수 있다. 이것은 또한 19세기에 천왕성의 궤도가 더 먼 보이지 않는 천체의 인력 때문에 어긋난 것에서 해왕성의 존재를 추론했을 때 사용된 논법이기도 하다.

우리 태양계에서는 행성들을 태양 쪽으로 끌어당기는 중력과 궤도 운동의 원심력이 균형을 이루고 있다. 마찬가지로 훨씬 더 큰 규모인 전체 은하에서는, 모든 것을 은하의 중심으로 끌어당기려는 중력과 흩어지려는 운동 효과들이 균형을 이루고 있다. 그러므로 만약 중력이 작용하지 않는다면 은하를 구성하는 별들은 흩어질 것이다. 암흑 물질의 존재를 추론하게 된 것은 관측된 운동들이 눈에 보이는 별과 기체의 중력만으로는 붙잡아 두지 못할 정도로 빠르기 때문이었다.

우리는 우리 태양이 우리 은하의 '중심' 주위를 얼마나 빨리 돌고 있는지 알고 있다. 그리고 다른 은하에 있는 별과 기체 구름의 속도도 계산할 수 있다. 이들의 속도는, 특히 대부분의 별들 너머에서 궤도를 도는 '외곽 거주자들'의 속도는 당황스러울 정도로 빠르다. 만약 최외곽 기체와 별이 우리가 볼 수 있는 별이나 물질의 중력적 인력만으로 설명할 수 있는 속도로 움직이고 있다면, 최외각 가스와 별들은 궤도를 벗어날 것이다. 해왕성과 명왕성이 지구 정도의 속도로 움직인다면 태양의 영향을 벗어나 궤도를 이탈하게 되는 것처럼 말이다. 그러나 최외곽 기체와 별은 중력적 인력만으로는 설명할 수 없는 빠른 속도로 움직이고 있다. 관측된 이런 빠른 속도는 보이지 않는 무거운 헤일로가 대형 은하들을 에워싸고 있음을 말해 준다. 이는 명왕성이 지구 정도의 속도로 움직이고 있다면(하지만 여전히 궤도에 머물러 있다면), 명왕성의 궤도 안쪽이 아니라 지구의 궤도 바깥쪽에 보이지 않는 무거운 외피가 있음을 추론해야만 하는 것과 마찬가지다.

만약 암흑 물질이 많지 않다면, 은하들은 뿔뿔이 흩어질 것이다. 원반형이나 나선형의 아름다운 모습을 한 은하들은 실은 미지의 성질을 갖고 있으며 보이지 않는 수많은 천체들의 중력으로 꼭 붙잡혀 있는, '빛을 내는 침전물'에 불과하다. 은하들은 우리가 과거에 생각했던 것보다 10배나 더 크고 무겁다. 지름이 각각 수백만 광년인 더 큰 규모의 전체 은하단에도 똑같은 주장이 적용된다. 은하들을 결합시키기 위해서는 우리가 실제로 보는 것보다 10배 정도 많은 물질과 중력이 필요하다.

물론 이러한 '암흑 물질' 추론의 기초가 되는 한 가지 가정이 있다. 즉 우리가 보는 천체들이 만들어 내는 중력을 알고 있다는 것이다. 은하와 은하단의 내부 운동은 광속에 비해 느리며, 따라서 '상대론적인' 어떤 까다로운 문제도 없다. 따라서 우리는 뉴턴의 역제곱 법칙을 사용하기만 하면 된다. 그 법칙은 어떤 질량이든 2배 더 멀리 떨어지면 힘은 4배 더 약해짐을 말해 준다. 일부 회의론자들은 이 법칙이 실제로 시험된 것은 우리 태양계뿐이라는 사실을 상기시킨다. 그 법칙을 수억 배 더 큰 규모에 적용하는 것은 기적을 바라는 무모한 짓이라는 것이다. 사실 우리는 전 우주의 규모에서, 중력이 인력이 아니라 척력을 일으키는 또 다른 힘에 압도될지도 모른다는 단서들(10장 참조)을 갖게 되었다.

우리는 중력에 대한 생각들을 재검토한다는 가능성에 마음을 열어 두어야(적어도 조금이라도 열어 두어야) 한다. 만약 큰 거리에서 작용하는 힘이 우리가 역제곱 법칙에 의거해 추론하는 양보다 더 크다면(만약 그 힘이 2배 멀어졌을 경우 4배 더 약해지지 않는다면) 확실히 암흑 물질의 문제는 재고되어야 한다. 그러나 피나는 노력을 해 보기 전에 우리의 중력 이론을 버려서는 안 된다. 만약 상상할 수 있는 암흑 물질의 후보가 전혀 없다면 그렇게 하고 싶은 충동이 생길지도 모른다. 그러나 선택할 수 있는 후보는 꽤 많은 것 같다. 이런 선택 가능한 후보들을 모두 배제할 수 있을 때에만 뉴턴과 아인슈타인을 내던질 수 있을 것이다.●

● 훨씬 더 흥미로운 질문은 역제곱 법칙이 아주 작은 규모에서 무너질지, 혹은 어느 면에서는 비슷한 일이지만 몇 미터보다 작은 규모에서는 어떤 특별한 '제5의 힘'이 작용할지다. 초끈 이론과 관련된 추측들(10장 참조)은 여분의 공간 차원이 이런 식으로 스스로를 드러낸다고 제안한다. 여기서도 실험적 증거는 빈약하며 우리가 바라는 것보다 정확도도 떨어진다. 왜냐하면 실험실에서 다루는 물체들 사이에서는 중력이 너무 약하기 때문이다.

'암흑 물질'이 풍부하다는 사실을 알려 주는 다른 증거들이 있다. 중력을 발생시키는 모든 물질은, 빛을 내든 '암흑'이든, 광선을 굴절시킨다. 따라서 은하단이 광선의 경로를 휘게 하는 정도를 탐지함으로써 은하단의 질량을 '잴' 수 있다. 사실 1919년에 일어난 개기 일식 때 에딩턴 일행이 관측한 태양 중력으로 인한 별빛의 굴절 현상은 아인슈타인을 세계적인 명사로 만든 일반 상대성 이론의 실험적 증거가 되었다. 허블 우주 망원경은 그동안 10억 광년 떨어져 있는 은하단들의 놀라운 사진을 찍어 왔다. 사진들을 보면 희미한 줄무늬들과 호들이 보인다. 이 줄무늬들과 호들은 각각 은하단 자체보다 대여섯 배 멀리 떨어진 은하인데, 상을 일그러뜨리는 렌즈를 통해 보기 때문에 그렇게 보이는 것이다. 배경 벽지의 규칙적인 패턴을 휘어진 유리판을 통해 보면 일그러진 줄무늬로 보이는 것과 마찬가지로, 은하단은 통과하는 빛을 모으는 '렌즈' 역할을 한다. 그러나 은하단에서 보이는 은하들을 모두 더해도 그러한 뒤틀림을 만들 정도로 무겁지 않다. 빛을 그렇게 많이 휘게 하려면, 그리고 배경 은하들의 상에 그렇게 두드러진 뒤틀림을 일으키려면, 은하단의 질량이 우리가 보는 것보다 10배는 더 무거워야 한다. 이 거대한 자연 렌즈들은 은하의 진화 과정에 관심 있는 천문학자들에게 보너스를 제공한다. 이 자연 렌즈가 너무 희미해서 보이지 않았을 아주 먼 은하들을 볼 수 있게 해 주기 때문이다.

우리는 암흑 물질이 우리가 볼 수 있는 물질의 10배에 달하며 우주에 지배적인 중력을 미치는 물질이라는 사실을 발견하고 진정으로 놀라지는 않았다. 암흑 물질 자체에서 받아들이기 어려운 사실은 전혀 없다. 우주의 모든 것이 왜 반짝이고 있어야 한단 말인가? 문제는 암흑 물질의 정체가 무엇인지, 그 후보들의 범위를 좁히는 것이다.

무엇이 암흑 물질이 될 수 있을까?

이제까지의 추론에 따르면 암흑 물질은 빛을 내지 않는다. 사실 우리가 탐지할 수 있는 어떤 종류의 복사도 방출하지 않는다. 그것은 또 빛을 흡수하거나 산란시키지도 않는다. 이 말은 암흑 물질이 먼지로 이루어질 수 없음을 의미한다. 우리는 우리 은하에 약간의 먼지가 있다는 사실을 알고 있다. 왜냐하면 작은 알갱이들이 가득 들어 있는 구름들 때문에 별빛이 산란되고 약해지기 때문이다. 만약 이 알갱이들이 모여 우주 전체의 암흑 물질을 구성하는 것이라면 시야를 가려서 우리는 멀리 있는 별들을 전혀 보지 못할 것이다.

작고 희미한 별은 암흑 물질의 명백한 후보다. 질량이 태양의 8퍼센트 미만인 별들은 '갈색 왜성'이라고 부른다. 그것은 보통 별을 계속 빛나게 하는 핵연료를 발화시킬 정도로 뜨겁게 압축되지 않는다. 갈색 왜성은 확실히 존재한다. 어떤 것은 더 밝은 별의 주위를 도는 행성을 찾다가 우연히 발견되었고 어떤 것은 밝은 별 근처에서 매우 희미한 붉은빛을 방출해서 발견되었다. 그렇다면 총 몇 개의 갈색 왜성을 예상할 수 있을까? 우리가 가진 이론은 거의 가이드라인을 제시하지 못한다. 크고 작은 별들의 비율은 아직 이해되지 않은 매우 복잡한 과정들을 통해 결정된다. 심지어 가장 성능 좋은 컴퓨터조차도 성간 구름이 응축해서 별의 무리를 이룰 때 어떤 일이 일어나는지 말해 주지 못한다. 그 과정들은 날씨 예측을 어렵게 만드는 것과 똑같은 이유 때문에 현재 다루기 어렵다.

개별적인 갈색 왜성들은 중력 렌즈 효과 때문에 발견된다. 만약 어떤 갈색 왜성이 어떤 밝은 별 앞을 지나가면 갈색 왜성의 중력 때문에 빛이 모아져서 밝은 별이 크게 보일 것이다. 결과적으로 갈색 왜성이 별 앞으로 지나간다면 그 별은 뚜렷하게 밝아졌다가 희미해질 것이다. 이렇게 되기 위해서는 갈색 왜성과 별이 매우 정확히 정렬되어야 한다. 따라서 설령 우리 은하에 있는 모든 암흑 물질이 되기에 충분한 갈색 왜성이 존재한다고 해도 이런 사건은 매우 드물 것이다. 그러나 천문학자들은 이러한 '마이크로 렌즈 효과'(이미 언급한 전체 은하단의 중력 렌즈 효과와 구별하기 위해 이 현상을 '마이크로'라고 부른다.)를 찾는 야심찬 탐색을 시작했다. 밝기가 밤마다 변하는 별들을 골라내기 위해 수백만 개의 별을 반복적으로 관찰했다. 많은 별들은 다양한 이유로 인해 변한다. 어떤 별들은 맥동하고, 어떤 별들은 폭발하며, 어떤 별들은 쌍성이다. 탐색 결과 수천 개의 갈색 왜성이 발견되었다(마이크로 렌즈 효과 탐색은 일부 천문학자들에게는 흥미로운 일이지만 상당히 지루하고 복잡한 과정이다.). 별들은 때로 보이지 않는 질량이 앞을 가로지르면서 빛을 모을 경우에 예상되는 밝기의 뚜렷한 증감을 보여 주는 것으로 밝혀졌다. 그럼에도 불구하고 이 사건들이 새로운 '갈색 왜성' 집단을 의미하기에 충분한지는 아직 분명하지 않다. 또한 희미한 별이 더 밝은 별 앞을 지나가는 일이, 기록된 사건들을 설명할 정도로 흔한지도 여전히 분명하지 않다.

그 외에도 암흑 물질의 몇 가지 다른 후보들이 있다. 성간 공간에서 움직이는 차가운 '행성들'이 별에 부속되어 있지 않으면 엄청나게 많아도 발견되지 않을 수 있다. 혜성 같은 얼어붙은 수소 덩어리들도 그렇게 존재할 수 있고 블랙홀도 그렇게 존재할 수 있다.

색다른 입자들의 문제

그러나 갈색 왜성이나 혜성(죽은 별들의 잔재와 심지어 블랙홀들도)은 그다지 중요한 암흑 물질의 구성 요소가 아닌 것으로 추측된다. 암흑 물질이 보통 원자들로 이루어지지 않았으리라고 생각하게 하는 강력한 이유들이 있기 때문이다. 이런 주장은 중수소(무거운 수소)의 존재에 기초하고 있다.

앞에서 언급했듯이 우리가 관측하는 중수소는 별이 아니라 대폭발에서 만들어진 게 틀림없다. 우리 우주 안에 있는 실제의 중수소 양은 아직 분명하게 밝혀지지 않았다. 그러나 천문학자들은 아주 먼 은하들에서 오는 빛에서 보통의 수소와 구별되는 중수소의 특별한 흔적을 발견했다. 이 측정은 지름 10미터의 거울을 가진 집광력이 뛰어난 새로운 망원경 덕분에 가능했다. 관측된 중수소의 양은 수소 원자 5만 개 가운데 1개만이 중수소 원자일 정도로 미량에 불과하다. 대폭발에서 생겨야 할 중수소의 양은 우주의 밀도가 얼마나 큰가에 달려 있으며, 관측들은 수소 원자가 세제곱미터당 0.2개 있을 경우의 이론과 일치한다. 이것은 빛을 내는 천체 안에 있는 실제의 원자 수(절반은 은하 안에 있고, 나머지 절반은 은하간 기체 안에 있다.)와 상당히 잘 일치한다. 그러나 이렇게 되면 암흑 물질의 후보로 남겨진 양이 많지 않다.

만약 우주에 존재하는 모든 암흑 물질이 보통의 원자로 이루어진다면 원자의 실제 개수는 우리가 실제로 보는 것보다 적어도 5배, 아니 어쩌면 10배 정도는 많아야 한다. 그러나 이것은 대폭발 이론과 일치하지 않는다. 대폭발 이론에 따르면 우리 우주 안에는 우리가 실제로 관측하는 양보다 훨씬 더 적은 수의 중수소가 있어야 한다. 이렇게 되면 우주 안에 있는 중수소의 기원이 미궁에 빠진다. 이것은 매우 중요한 사실을 말해 준다. 세제곱미터당 0.2의 밀도를 갖는 우주의 원자들은 임계 밀도의 단 4퍼센트만 기여하며, 대부분의 암흑 물질은 핵반응에 관한 한 불활성인 무언가로 이루어져 있다. 보통 원자들로 이루어져 있지 않은 색다른 입자들이 Ω에 중요한 기여를 하는 것이다.●

중성미자라는 수수께끼의 입자가 하나의 후보다. 이 입자들은 전하를 갖고 있지 않으며 보통 원자와 거의 반응하지 않는다.

지구에 부딪히는 거의 모든 중성미자들이 곧장 빠져나간다. 대폭발 이후 처음 1초 동안, 온도가 100억 도를 넘었을 때는 모든 것이 굉장히 압축되어서 광자(복사의 양자)를 중성미자로 바꾸는 반응이 평형에 이를 정도로 빨리 이루어졌을 것이다. 결과적으로 '우주의 불덩어리'에서 남은 중성미자의 수는 광자의 수와 관련이 있다. 우리는 논란의 여지가 없는 아주 표준적인 물리학을 이용해 중성미자가 광자의 11분의 3만큼 있어야 한다고 계산할 수 있다. 이제 대폭발에서 남겨진 복사에는 세제곱미터당 4억 1200만 개의 광자가 있다. 중성미자에는 세 가지 종류가 있으므로, 세제곱센티미터마다 각 종의 중성미자가 113개씩 있을 것이다. 다시 말해서 우리 우주에는 원자 1개당 수억 개의 중성미자가 있다. 암흑 물질 환경에서 중요한 것은 물론 세 종류의 중성미자 가운데 가장 무거운 것이다.

중성미자의 수가 원자의 수보다 엄청나게 많으므로 각각의

● 밀도가 더 높을 때 중수소가 더 작은 것은 언뜻 보기에 잘못된 결과처럼 보이지만, 사실 아주 당연하다. 밀도가 높을수록 핵은 서로 더 많이 충돌해서 핵반응이 더 빠르게 일어난다. 그것을 통해 수소(양성자 하나)를 헬륨(양성자 2개와 중성자 2개)으로 바꾼다. 중수소(양성자 하나와 중성자 하나)는 중간 생산물이다. 밀도가 높으면 절대로 많이 살아남지 못한다. 왜냐하면 반응들이 너무 빨리 진행되어서 거의 모든 중수소가 헬륨이 되기 때문이다. 반면에 만약 밀도가 더 낮다면, 우리 우주가 탄생하고 나서 첫 3분 안에 남겨진 더 많은 '화석' 중수소를 예상할 수 있다. 이 의존도는 아주 민감하며, 따라서 중수소량을 상당히 정확히 측정한다면 우주 안에 있는 원자들의 평균 밀도를 알 수 있다.

무게가 원자의 1억 분의 1밖에 안 되어도 지배적인 암흑 물질이 될 수 있다. 1980년대 이전에는 거의 모든 사람이 중성미자가 정지 질량이 0인 입자라고 믿었다. 그러면 그 입자들은 에너지를 나르고 광속으로 움직이지만, 그것들의 중력 효과는 중요하지 않을 것이다(마찬가지로 초기 우주에서 만들어진 광자들도 중요한 중력적 효과를 전혀 발휘하지 못한다.). 그러나 중성미자는 아주 작기는 해도 질량을 갖는 것 같다.

중성미자가 질량을 갖는다는 가장 좋은 증거는 아연 광산 터에 있는 일본 가미오카의 카미오칸데 실험실에서 나왔다. 연구자들은 지구 상층 대기에서 충돌하는 매우 빠른 입자들(우주선)이 생산하는 중성미자뿐만 아니라, 태양에서 생기는 중성미자(이 중성미자는 태양 중심핵에서 일어나는 핵반응의 부산물이다.)를 연구했다. 실험 결과, 중성미자는 질량이 0은 아니지만, 암흑 물질의 중심을 이루기에는 너무 적은 양인 것으로 드러났다.● 그럼에도 불구하고 이것

● 이 증거는 사실 우리에게 종이 다른 두 중성미자의 질량을 제곱한 값이 차이가 있음을 말해 준다. 카미오칸데는 4장에서 언급된 1987 초신성의 고에너지 우주선에서 11번의 사건을 기록했다. 미국의 실험(오하이오의 소금 광산 터에 건설되었다.)은 8번 더 기록했다. 이 숫자들은 초신성 이론이 예측하는 것과 잘 들어맞아서 천체물리학자들을 만족시켰다.

은 중성미자 자체에 대한 중요한 발견이다. 언뜻 보기에 이 사실이 미시 세계를 더 복잡하게 만드는 것처럼 보이지만, 이 질량들은 중성미자와 다른 입자들의 관계에 어떤 실마리를 제공할지도 모른다.

비록 정확한 질량은 아직 모르지만 우리는 적어도 중성미자가 존재한다는 사실은 알고 있다. 그러나 존재할지도 모르는 가설 입자들이 대단히 많으며, (만약 그렇다면) Ω에 지배적인 기여를 하기에 충분한 수가 대폭발에서 살아남을 수 있었을 것이다. 각 입자가 얼마나 무거운지에 대해서는 아직 설득력 있는 주장들을 전혀 할 수 없다. 가장 그럴듯한 추측은 수소 원자의 100배 정도라는 의견을 제시한다. 만약 그러한 입자들이 우리 은하에 있는 모든 암흑 물질을 만들 정도로 충분하다면, 태양 근처에 세제곱미터당 수천 개가 있을 것이다. 그것들은 또한 우리 은하의 보통 별과 거의 똑같은 속도, 아마도 초속 300킬로미터로 움직이고 있을 것이다.

이 입자들은 무겁지만 전기적으로 중성이어서 일반적으로 중성미자처럼 지구를 그대로 투과한다. 그러나 아주 소량은 통과하는 물질의 원자와 반응할 것이다. 우리의 몸에서는 충돌이 하루에 고작 몇 차례만 일어날 것이다(설사 우리의 몸이 10^{29}개에 달하는 원자를 포함하고 있다고 해도.). 우리 자신은 전혀 아무것도 느끼지 못한다. 그러나 감도가 매우 높은 실험들은, 규소 덩어리나 유사한 물질에서 그러한 충돌이 일어날 때 이 작은 입자가 '반동'하는 것을, 즉 '되튀는' 것을 발견할 수 있다. 암흑 물질의 진정한 충격 신호 탐지를 방해할 수 있는 다른 종류의 사건들을 피하기 위해, 검출기는 매우 낮은 온도로 냉각되고 지하 깊숙이에 설치해야 한다(예를 들어 몇몇 검출기는 요크셔의 광산과 이탈리아의 산 밑 동굴 안에 설치되었다.).

몇몇 그룹의 물리학자들이 이 '지하 천문학' 문제로 관심을 돌렸다. 그것은 정교하고 지루한 작업이지만 성공하기만 하면 우리 우주의 주요 구성 성분을 알 수 있을 뿐만 아니라 덤으로 중요하고 새로운 종류의 입자까지 발견하게 된다. 그러나 성공에 더 많은 돈을 거는 사람은 극단적인 낙관론자들뿐이다. 지금으로서는 암흑 물질 입자의 정체를 말해 주는 이론이 없어서 체계적으로 탐색하지 못하기 때문이다. 소립자 물리학을 이론적으로 이해하는 다음 단계는 '초대칭'이라는 개념을 필요로 할지 모른다. 이 이론의 목표는 핵력을 원자들 안에 있는 다른 힘들과 연결시키는(그리고 그것을 통해 우리 우주의 ε을 더 잘 이해하는) 것이다. 이 개념에 꼭 필요한 것은 대폭발에서 만들어졌고 그 질량을 계산할 수 있을지도 모르는 전기적으로 중성을 띠는 다소 새로운 종류의 입자들이다.

현재 여러 아이디어들이 고려되고 있다. 어떤 이론가들은 액시온(axion)이라는 훨씬 더 가벼운 입자를 선호하며, 또 어떤 이론가들은 입자들이 현재 탐색되고 있는 것들보다 10억 배 더 무거울 수도 있다고 생각한다(그런 경우에 수십억 배 더 적은 수가 있을 것이므로 발견하기가 훨씬 더 어려울 것이다.). 혹은 그것들은 훨씬 더 색다를 수도 있다. 예를 들어 초기 우주의 초고압 상태에서 만들어진 원자 크기의 블랙홀들 같은 것 말이다.

암흑 물질 후보 좁히기

암흑 물질의 후보로 생각되었던 물질 중에서 탈락자가 생기기도 하고, 어떤 후보들은 더 진지하게 탐색되기도 한다. 마이크로 중력 렌즈 효과를 이용해 희미한 별이나 블랙홀을 탐지할 수도 있다. 광산의 수직 갱도 바닥에서 실험하는 사람들이 우리 은하 헤일로에 널리 퍼져 있는 새로운 종류의 입자를 탐지할지도 모른다. 심지어 부정적인 결과들조차 일부 가능한 선택들을 제외시키기 때문에 흥미로울 수 있다.

다른 종류의 몇 가지 암흑 물질이 존재해도 괜찮다. 예를 들어

갈색 왜성과 블랙홀이 없다면 오히려 놀라울 것이다. 그러나 중수소에서 얻은 증거는 대부분의 암흑 물질이 보통 원자로 이루어져 있지 않다고 말해 주므로, 색다른 입자들이 훨씬 더 가능성 있어 보인다.

우주의 90퍼센트 이상은 여전히 설명할 수 없다는 사실은 당혹스럽다. 암흑 물질이 10^{-33}그램(중성미자)부터 최고 10^{39}그램(무거운 블랙홀)에 이르는 질량을 가진, 대단히 불확실한 존재들로 이루어질 수 있다는 사실을 깨달으면 당혹감은 더해진다. 이 중요한 문제는 세 가지 방향에서 공략함으로써 해결할 수 있을지도 모른다.

1. 암흑 물질을 이루는 실체들을 직접 발견할 수도 있다. 갈색 왜성은 별들의 중력 렌즈 효과를 일으킨다. 만약 우리 은하의 암흑 물질이 수많은 입자들이라면, 깊숙한 지하에서 실험하는 대담한 사람들이 입자의 일부를 탐지할 수도 있다. 만약 5년 후에 이 글을 쓰고 있다면 암흑 물질이 무엇인지 보고할 수 있을 거라고 낙관한다.

2. 실험가들과 이론가들은 이미 중성미자에 대해 더 많은 사실을

말해 주고 있다. 중성미자는 중요한 암흑 물질 구성 요소가 될 수 있는 질량을 갖고 있을 가능성이 있다(지금은 그럴 것 같아 보이지 않는다고 해도.). 극단적인 고에너지와 고밀도 상태의 물리학을 더 잘 이해하게 되면, 한때 어떤 다른 종류의 입자들이 존재했는지 알 수 있을 것이고, 이 입자들이 태초의 100만 분의 1초로부터 어떻게 살아남았는지를, 우리가 지금 '태초의 3분간'을 견디고 살아남은 헬륨과 중수소의 양을 예측할 수 있는 것만큼 자신 있게 계산할 수 있을 것이다.

3. 암흑 물질이 은하를 지배한다. 은하가 언제 어떻게 형성되었고 또 어떻게 모였는가는 명백히 중력적으로 지배적인 구성 요소가 무엇이며 우주가 팽창할 때 그것이 어떻게 행동하는가에 달려 있다. 우리는 암흑 물질에 대해 다양한 추측을 할 수 있고 각각의 결과를 계산할 수 있으며 어느 것이 실제의 관측과 가장 유사한지 알 수 있다. 그러한 계산(8장에서 설명할 것이다.)은 암흑 물질이 무엇인가에 대한 간접적인 단서를 제공할 수 있다.

왜 반물질이 아니고 물질인가?

우리는 아직 우주의 초기 단계에 어떤 종류의 입자가 존재했는지도, 얼마나 많은 입자가 살아남았는지도 알지 못한다. 만약 내가 믿는 것처럼 새로운 종류의 입자가 Ω에 주로 기여했다면, 우주에 대해 우리는 더 겸손해야할지 모른다. 코페르니쿠스 이후 우리가 우주에서 특별히 중요한 존재라는 생각을 버렸듯이, 이제 지나치게 '입자'만을 고집하는 '입자 쇼비니즘(particle chauvinism)'도 버려야 할지 모른다. 우리의 몸을 구성하고 눈에 보이는 모든 별과 은하들을 만드는 원자들은 그 구조가 상당히 다른 (그리고 눈에 보이지 않는) 물질의 통제를 받는 미미한 존재, 우주의 극히 일부만을 이루는 미량의 성분에 불과할지 모른다. 우리는 거대한 파도가 아니라 파도 위의 하얀 거품만 볼 수 있다. 따라서 우리는 우리 우주를 주로 미지의 물질로 이루어진 어두운 장소로 상상해야 한다.

보통 원자들은 대폭발의 처음 순간에서 살아남은 상당히 다른 종류의 입자들로 가득 찬 우주의 '소수' 구성 요소처럼 보인다. 그러나 사실 어떤 원자든, 그것이 왜 존재하는지(우리 우주가 왜 오로지 암흑 물질로만 이루어져 있지 않은지)를 이해하는 것이 더 어려운 문제다.

모든 종류의 입자에는 그에 해당하는 반입자가 있다. 양성자(3개의 '쿼크'로 이루어져 있다.)의 반입자는 반양성자(3개의 반쿼크로 이루어져 있다.)고, 전자의 반입자는 양전자다. 반입자는 보통 입자를 만나면 에너지(mc^2)를 복사로 전환하면서 소멸된다. 반물질은 지구 안팎 어디에도 대량으로 존재하지 않는다. 가속기에서 소량의 반물질을 만들 수도 있다. 가속기에서는 여분의 입자-반입자 쌍을 만들기 위해 충분한 에너지로 입자들을 충돌시킨다. 반물질은 이상적인 로켓 연료가 될 것이다. 핵융합으로 가동되는 로켓의 경우 ε이 0.007인 데 비해, 반물질이 소멸할 때는 정지 질량 에너지 전체가 방출된다. 반물질은 보통 물질로부터 '격리'되었을 경우에만 살아남을 수 있다. 그렇지 않을 경우 반물질은 소멸할 때 강력한 감마선을 발생시킴으로써 그 존재를 드러낸다. 은하, 그리고 그것을 구성하는 모든 별과 기체는 반물질보다는 물질로 구성되어 있다. 우리는 그것을 확신할 수 있다. 물질은 별의 탄생과 죽음으로 일정하게 만들어지고 재순환된다. 만약 우주가 서로 같은 양의 물질과 반물질로 시작했다면 지금까지 살아남은 건 하나도 없을 것이다. 그러나 훨씬 더 큰 규모에서는 혼합이 그다지 효율적이지 못할 것이다. 예를 들어 '초은하단'에서는 물질과 반물질이 교대로 나타날 수 있는 가능성을 배제할 수 없다. 그렇다면 왜 한 종류의 물질을 선호하는 편향이 있는 것처럼 보이는 걸까?

우리가 관측할 수 있는 우주 안에는 10^{78}개의 원자가 있지만 (주로 양성자 1개와 전자 1개로 이루어져 있는 수소 원자들), 반원자는 그렇게 많은 것 같지 않다. 사람들은 가장 간단한 우주는 입자와 반입자가 동수로 혼합되어 시작했을 거라고 상상할 것이다. 우리 우주는 다행히 그렇지 않았던 것 같다. 만약 그랬다면 밀도가 높은 초기 단계에서 모든 양성자가 반양성자와 함께 소멸했을 것이다. 그러면 우주는 복사와 암흑 물질로 가득 찼겠지만 원자도 별도 은하도 생기지 않았을 것이다.

이 비대칭 구조는 왜 생겼을까? 처음부터 양성자가 10^{78}개가 더 많았을 수도 있겠지만 이 개수는 '초기 조건'의 일부로 받아들이기에는 너무 큰 수처럼 보인다. 수소 폭탄의 개발자이자, 나중에는 소련의 반체제 인사로서 널리 알려진 러시아의 물리학자 안드레이 사하로프(Andrei Sakharov)는 통찰력 있는 우주론 아이디어들을 제공하기도 했다. 1967년에 그는 대폭발 직후 우주가 식으면서 발생한 작은 비대칭이 반입자보다 입자에 유리하게 작용했는지를 탐구했다. 이런 불균형은 쿼크를 반쿼크보다 약간 더 많이 만들 수 있다(이렇게 되면 나중에 양성자가 반양성자보다 많아진다.).

사하로프의 생각대로 되려면 분명히 물질과 반물질의 행동이 완벽한 대칭으로부터 약간 벗어나 있어야 한다. 그런 효과에 대한 증거는 K^0라는 불안정한 입자의 붕괴를 연구하던 미국의 두 물리학자 제임스 크로닌(James Cronin)과 밸 피치(Val Fitch)가 1964년에 찾아냈다. 두 사람은 이 입자와 반입자가 서로의 완벽한 거울상이 아니라 다소 다른 비율로 붕괴한다는 사실을 알아냈다. 이것은 당시에는 굉장히 충격적인 발견이었다. 약간의 비대칭이 붕괴를 지배하는 법칙들 안에 내장되어 있었던 것이다(이것은 말하자면 우리가 또 다른 은하에서 실험을 수행한 '외계' 물리학자와 접촉한다면, 그 물리학자가 물질로 이루어져 있는지 아니면 반물질로 이루어져 있는지를 알 수 있음을 의미한다!). K^0는 강한 핵력이 아니라 이른바 '약력'(방사성과 중성미자를 지배하는 힘)만을 필요로 한다. 힘의 통일 이론에서 이런 유형의 비대칭은 한 힘에서 다른 힘으로 '넘겨져서' 사하로프의 생각에 근거를 제공할 것이다.

10^9개의 쿼크-반쿼크 쌍마다 그러한 비대칭으로 여분의 쿼크 하나가 생겼다고 가정하자. 우주가 냉각하면서 반쿼크는 모두 쿼크와 함께 소멸하고, 결국 광자만 남을 것이다. 이 광자의 복사는

이제 매우 낮은 에너지로 냉각되어 은하간 공간에 널리 퍼져 있는 2.7도의 배경 열을 이루고 있다. 그러나 반쿼크와 함께 소멸된 10억 개의 쿼크마다, 함께 소멸할 짝을 찾지 못해서 하나 정도는 살아남을 것이다. 사실 우주에는 양성자보다 10억 배 이상 더 많은 광자가 있다(양성자는 세제곱미터당 0.2개인 데 비해 광자는 4억 1200만 개가 있다.). 이것은 우주 안에 있는 모든 원자가 반물질보다 물질을 선호하는 자연의 아주 작은 편향의 결과임을 알려 주는 증거일지도 모른다. 우리와 우리 주위의 우주는 쿼크와 반쿼크의 수가 오직 소수점 아래 아홉째 자리에서만 달랐기 때문에 존재하는지도 모른다.

우리 우주는 태초에 존재했던 약간의 '선호' 때문에 반원자가 아니라 원자를 포함하고 있다. 이것은 반양성자가 나타나거나 사라지지 않아도 양성자(혹은 그것을 구성하는 쿼크들)가 때로 나타나거나 사라질 수 있음을 의미한다. 바로 여기에 순수 전하와의 현저한 차이가 있다. 즉 전하는 정확히 보존되므로 만약 우리 우주가 하전되지 않은 채로 출발했다면, 양전하와 음전하는 항상 정확하게 상쇄되었을 것이다.

붕괴율이 놀라울 정도로 낮지만 원자는 영원히 살지는 못한다. 원자의 수명은 10^{35}년 정도 될 거라는 게 최고의 추측이다. 이것은 평균적으로 1,000톤의 물이 들어 있는 수조 안에서 1년에 1개의 원자가 붕괴한다는 사실을 의미한다. 중성미자를 검출하기 위해 사용되는 동일한 크기의 지하 수조 안에서 수행한 실험들은 이 정도의 감도에 전혀 도달할 수 없었지만, 중성미자의 수명이 적어도 10^{33}년은 된다는 사실을 말해 준다.

먼 미래에, 모든 별들은 차가운 백색 왜성이나 중성자별이나 블랙홀로 변할 것이다. 그러나 백색 왜성과 중성자별은 구성 원자들이 붕괴할 때 스스로를 침식시킨다. 만약 이런 침식이 진행되는 데 10^{35}년 걸린다면, 장기적인 붕괴로 발생한 열은 별이 가정에서 사용하는 전기 히터만큼의 열을 복사하도록 할 것이다. 모든 별이 핵에너지를 다 써 버린 먼 미래에는 이 미약한 복사체들이 우주에 온기를 불어넣는 원천(이따금씩 별의 충돌로 생기는 섬광을 제외하고)이 될 것이다.

초기 팽창의 조율

Ω는 정확히 1이 아닐지도 모르지만 적어도 0.3은 된다. 언뜻 보기에 이것은 섬세한 조율이 아닌 것처럼 보일지도 모른다. 그러

나 이것은 Ω가 초기에는 정말로 1에 매우 가까웠음을 의미한다. 팽창 에너지와 중력 에너지가 정확히 균형을 이루지 않는 한, 두 에너지의 차이가 커지기 때문이다. 정확히 균형을 이룰 경우에 Ω는 정확히 1이며 또 그대로 유지된다. 만약 Ω가 초기 우주에서 1보다 약간 작게 시작했다면, 결국 운동 에너지가 완전히 지배할 것이다 (따라서 Ω가 사실 매우 작아진다.). 반면에 만약 Ω가 실제로 1보다 크다면 중력이 곧 우세해져서 우주팽창을 멈추게 할 것이다.

암흑 물질의 증거가 말해 주는 현재의 Ω 값과 일치하는 실제 우리 우주의 '궤적'이 그림 4에 제시되어 있다. 이 그림은 또한 우리는 생각지도 못했던 생물이 출현한 어떤 우주들을 묘사한다. 이것은 기본적인 미스터리를 강조한다. 즉 '100억 년 후에도 우리 우주가 여전히 1과 크게 다르지 않은 Ω의 값을 가지고 팽창하고 있을까?' 하는 문제 말이다.

앞에서 보았던 것처럼 우주의 나이가 1초고 온도가 100억 도였을 때의 상황은 상당히 그럴듯하게 추정할 수 있다. 당신이 그 당시에 어떤 우주를 '새로 만들고' 있다고 가정하라. 그 우주가 따라갈 궤도는 그것이 받은 힘에 의존한다. 만약 우주가 너무 빨리 시작되었다면, 팽창 에너지가 주도하게 되어서 (다시 말해서 Ω가 너무

164 여섯 개의 수

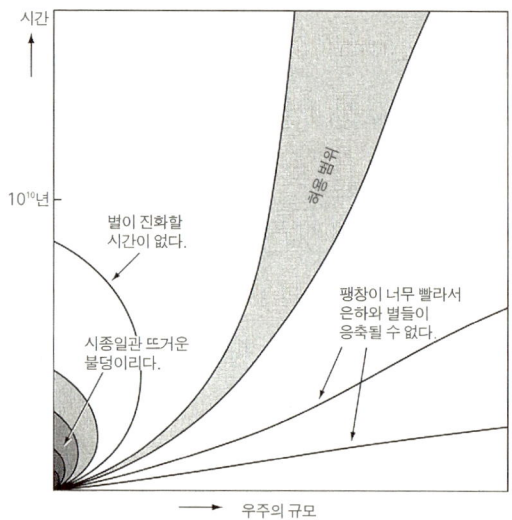

그림 4
이 그림은 가능한 우주들에 대한 다양한 궤도를 나타낸다. Ω의 현재 값이 불확실하기는 하지만, 우리 우주가 허용 범위 안에 들기 위해서는 초기 조건들이 놀라울 정도로 정확하게 조율되어 있었어야 한다. 이런 조율이 없었다면 팽창이 너무 빨라서 어떤 은하도 형성되지 못했거나, 너무 느려서 우주가 흥미로운 진화를 거치기도 전에 다시 붕괴했을 것이다. 이 조율에 대한 설명은 9장에서 논의된다.

작아지게 되어서), 중력이 물질을 끌어당겨 응축시키지 못했을 것이고, 은하와 별은 결코 생길 수 없었을 것이다. 우주는 영원히 팽

창하겠지만 생명체는 존재할 수 없다. 반면에 팽창이 너무 느려도 안 된다. 그랬다면 우주가 너무 빨리 다시 붕괴되어 순식간에 대함 몰을 겪었을 것이다.

우리의 관심을 끄는 복잡성들은 모두 밀도와 온도의 비균질성에 의존한다(지구의 생물권은 지구가 태양의 '뜨거운' 복사를 흡수했다가 차가운 성간 공간으로 방출하는 과정에서 활동 에너지를 얻는다.). 우리의 생명체 개념 속에 인간 중심적 생각이 전혀 없다면, 우주가 '불덩어리' 상태에서 팽창해야 하며, 적어도 어떤 생명체가 나타날 수 있기 전에 3,000도보다 낮게 냉각되어야 한다고 결론내릴 수 있다. 만약 초기의 팽창이 너무 느려서 이런 일이 일어날 수 없다면 생명체의 존재 가능성은 없을 것이다.

이런 관점에서 보면 우리 우주가 팽창을 감소시키는 경향이 있는 중력과 정확히 균형을 이룰 정도로 아주 미세하게 조율된 자극으로부터 시작되었다는 사실은 매우 놀라워 보인다. 그것은 마치 우물 바닥에 앉아서 돌멩이 하나를 던져 정확히 맨 꼭대기에서 올려놓는 묘기와 같다. 이때 요구되는 정확도는 놀랍다. 우주가 100억 년 뒤, 여전히 팽창하고 있고 확실히 1에서 크게 벗어나지 않는 Ω의 값을 갖기 위해서는, 대폭발 뒤 1초 되었을 때의 Ω가 1

과 10^{-15} 이상 차이가 나면 안 된다.

나는 앞에서 복잡한 우주는 약한 중력을 반영하는 '커다란 수' N을 가져야 하며, 또한 핵반응과 화학 반응이 일어날 수 있게 해 주는 ε의 값을 가져야 한다는 점을 언급했다. 그러나 이런 조건들은 필요하기는 해도 충분하지는 않다. 오직 '미세하게 조율된' 팽창 속도를 가진 우주만이 이런 과정들이 전개될 수 있는 장을 제공할 수 있다. 따라서 우리는 우주를 지배하는 수의 목록에 Ω를 추가해야 한다. 그것은 초기 우주에서 놀라울 정도로 1에 가깝게 조율되어 있었어야 한다. 만약 팽창이 너무 빠르다면 중력은 국지적으로 분포하는 물질들을 끌어당겨서 별이나 은하를 만들 수 없었을 것이다. 만약 초기의 자극이 충분하지 않았다면 우주가 막 시작했을 때 대함몰이 일어나 진화를 저지했을 것이다.

우주론자들은 이런 '조율'에 다른 방식으로 반응한다. 가장 흔한 반응은 언뜻 보기에 정도를 벗어난 것처럼 보인다. 그 반응은 우리의 초기 우주가 1에 매우 가까운 Ω를 가지고 만들어졌기 때문에 그 값이 왜 정확히 1인지에 대한 어떤 심오한 이유가 있어야 한다고 주장하는 것이다. 다시 말해서 '조율'이 매우 정확하기 때문에 절대적으로 완벽해야 한다는 것이다. 이 이상해 보이는 추론은 사실 다른 정황에도 잘 맞았다. 예를 들어 우리는 수소 원자 안에서 양성자의 양전하가 궤도를 돌고 있는 전자의 음전하로 인해 엄청난 정확도($1/10^{21}$ 이상)로 상쇄된다는 사실을 알고 있다. 그러나 어떤 측정도 원자의 알짜 전하량이 정확히 0이라고 말해 주지 않는다. 항상 어느 정도 오차가 있다. 전기력을 핵력과 관련시키는 이른바 '대통일 이론'은 지난 20년 동안, 이 상쇄가 왜 그렇게 정확한지에 대한 한 가지 심오한 이유를 제시했다. 그러나 50년 전만 해도 대부분의 물리학자들은 설득력 있는 주장이 없다고 해도 상쇄가 정확히 이루어진다고 추측했을 것이다.

또 하나의 놀라운 사실은 우주의 팽창 속도(허블 상수)가 모든 방향에서 동일하다는 것이다. 즉 그것은 에스헤르의 격자에서 막대들의 길이를 묘사하는 단 하나의 '규모 인자'로 설명될 수 있다그림 2. 우리는 특별한 방향에서 막대 길이가 더 빨리 늘어나는 우주를 쉽게 상상할 수 있다. 덜 균질한 우주는 그렇게 될 수 있는 여지가 더 많은 것처럼 보일 것이다. 하지만 우리가 반대 방향에서 먼 지역들을 관측할 때, 왜 그것들은 그렇게 비슷하고 동시에 일어나는 것처럼 보일까? 혹은 온도가 3,000도가 된 이후 흩어지지 않았던 우주 배경 복사의 온도가 왜 하늘 전체에서 거의 똑같을까? 9장에서 알게 되겠지만 우리 우주의 이런 특징에는, 그리고 초기 우주에서 Ω가 미세하게 조율된 데에는 흥미를 끄는(이른바 '급팽창 시기'를 연상시키는) 설명이 있다.

7
우주 팽창의 액셀러레이터: 우주 상수 λ

우주라는 것이

그들이 말하는 것처럼 그렇게 크다고 해도

우주가 존재하지 않았다면

누가 그것을 아쉬워할 것인가.

―피에트 하인

과거를 보다

우리 우주에는 보통 원자보다 암흑 물질이 더 많은 질량을 차지하고 있다. 그러나 완전한 '임계 밀도'를 제공할(Ω를 정확히 1로 만들) 정도로 충분히 있을까? 은하와 은하단 안에 있다고 추론된 양은 이것보다 약간 부족하다. 그러나 우주에 고르게 퍼져 있는 암흑 물질은 은하단 안의 내부 운동에도, 먼 은하의 상을 확대시키고 왜곡시키는 빛의 굴절에도 영향을 미치지 않을 것이다. 외부 물질은 오로지 우주의 총체적인 팽창에 영향을 주는 방법으로만 그 존재를 드러낸다. 그렇다면 팽창 속도가 변하고 있는지 어떻게 알 수 있을까?

이것은 분명 원칙적으로는 가능하다. 먼 물체의 적색 이동은 물체가 지금 어떻게 움직이고 있는가가 아니라 그 빛이 출발했을 때 물체가 어떻게 움직이고 있는지를 말해 준다. 그러므로 우리는 적색 이동과 먼 은하단(혹은 어떤 다른 유형의 천체)의 거리를 관측함으로써 먼 과거의 팽창 속도를 추론할 수 있다. 이 팽창 속도를 현재의 팽창 속도와 비교하면 (만약 변화가 있었다면) 팽창 속도가 얼마나 변했는지를 알 수 있다.

팽창 속도 변화는 수십억 년의 '기준선'에 걸쳐서만 나타날 것이므로 수십억 광년 떨어져 있는 천체들을 관측할 수 없다면 탐지할 수 없다. 그러나 이것은 본질적으로 장애가 되지 않는다. 왜냐하면 지름 10미터의 거울을 갖춘 첨단 망원경들이 우주가 현재 나이의 10분의 1에 불과했던 과거를 탐사하고 있기 때문이다. 더 문제가 되는 것은 충분히 표준화된 먼 천체들을 찾아서, 그것들이 더 초기 진화 단계에서 관측되고 있기 때문에 근처의 다른 천체들과 본질적으로 다르게 보일 수 있다는 사실을 인정하는 문제다.

큰 적색 이동을 가장 쉽게 발견할 수 있는 매우 활동적인 천체는 '퀘이사'다. 그러나 퀘이사는 '표준 촛불(표준초)'이 아니다. 유사한 적색 이동을 갖는(다시 말해서 유사한 거리에 있는) 퀘이사들은 광범위한 겉보기 등급을 보여 준다. 더욱이 퀘이사는 우주가 나이를 먹어 감에 따라 그 본질적인 특성이 어떻게 변해 가는지도 모를 정도로 알려진 게 없다.

은하 중에는 퀘이사처럼 큰 적색 이동을 보이는 것들도 있고 은하는 퀘이사보다 우리에게 알려진 게 더 많지만, 은하에도 문제는 있다. 은하는 분류하기 어려운 다양한 유형들이 모인 집단이다. 그리고 은하는 나이를 먹으면서 진화한다. 은하가 진화하는 데에는 몇 가지 이유가 있다. 존재하는 별은 진화하고 죽는다. 성간 기체에서 새로운 별이 만들어지기도 하고, 더 작은 이웃 은하를 포획하여 별이 은하에 합병되기도 한다(이것을 '은하의 포획'이라고 한다.).

은하는 너무 복잡하고 너무 다양하며 우리가 알고 있는 게 너무 적어서 '표준 촛불'로 사용할 수 없다. 우리는 은하를 개개의 별만큼 잘 이해하고 있지 못하다. 단일 별들은 너무 희미해서 너무 먼 별은 보이지도 않는다. 우리의 망원경이 포착한 외계 은하는 은하를 이루는 수십억 개의 별이 내는 빛이 모인 것이다. 때로는 죽음의 고통을 겪고 있는 일부 별들이 초신성으로 폭발해, 며칠 동안 별 수십억 개를 포함한 은하만큼 밝게 타오른다.

먼 초신성 사냥

전문 용어로 '유형 1a'로 알려진 특이한 유형의 초신성에서는 다 타 버린 핵이 특정 질량의 문턱을 넘어서서 불안정해질 때 죽어가는 별의 중심에서 갑작스러운 핵폭발을 일으킨다. 이 현상은 사실 표준적인 폭발력을 가진 핵폭탄과 같은 원리에 따라 일어난다. 이 과정은 물리학적으로 상당히 잘 이해되고 있지만 세세한 내용은 우리에게 중요하지 않다. 중요한 것은 유형 1a 초신성이 먼 거리에서도 발견될 수 있을 정도로 밝아서 '표준 촛불'로 삼을 만하다는 사실이다. 그것들의 밝기로부터 믿을 만한 거리를 추론하고,

그로부터 (적색 이동도 관측해서) 팽창 속도와 과거 시대의 거리를 관련시킬 수 있다. 우주론자들은 그러한 측정으로 작은 감속률(암흑 물질이 모두 설명되었을 경우 예상되는 감속률)이나 완전한 '임계 밀도'를 만들기에 충분한 여분의 암흑 물질이 있을 경우(이 경우 우주가 가장 간단한 이론 모형과 닮게 된다.) 예상되는 더 큰 감속률을 식별할 수 있기를 바랐다. 이 초신성들은 말하자면 적색 이동과 직접 관련된 또 다른 경향을 보여 준다. 즉 가장 멀고 가장 큰 적색 이동을 보이는 초신성은 같은 유형의 더 가까운 초신성보다 더 느리게 타고 더 느리게 희미해지는 것처럼 보인다. 이것은 우리의 예상과 잘 들어맞는다. 즉 상대성 이론에 따라 후퇴하는 물체의 시계는 느리게 간다. 그 시계가 만약 주기적인 신호를 보낸다면 나중에 떠난 신호는 여행할 거리가 더 많아지며, 따라서 신호가 도착하는 간격도 길어진다.●

초신성이 밝아졌다 희미해지는 상황이 시계와 유사하므로, 적색 이동에 비례하는 '광도 곡선'의 감속은 그것이 후퇴하고 있을

● 어떤 원자나 분자에서 나온 빛의 연속적인 '물마루'는 본질적으로 아주 작은 시계인 진동 때문에 생긴다. 물마루는 광원이 후퇴하고 파장이 길어질 때 더 느리게 도착한다.

경우에 예상할 수 있는 모습이다. 우주가 정적이라는 정상 우주론은 이것을 설명할 방법이 없다. 이것은 적색 이동이 일종의 '빛의 피로' 효과 때문에 생긴다는 주장에 대한 최고의 반박이다.

천문학은 사회학 용어로 '거대 과학'이다. 다시 말해서 천문학은 크고 값비싼 장비를 필요로 한다. 그러나 천문학 연구 프로그램 자체는 대형 가속기를 이용해 소립자를 연구하는 연구실에서 볼 수 있는 기업형 팀워크 같은 것을 필요로 하지 않는다. 천문학자들은 기본적으로 단독 프로젝트를 추구하는 개인주의자들일지도 모른다. 그들은 대형 망원경을 며칠 동안 혼자 사용할 수 있는 시간을 따내기 위해 경쟁하거나, 다른 별의 주위를 도는 행성을 처음으로 발견한 천문학자들처럼 소형 망원경으로 밤하늘을 뚫어져라 바라본다. 그러나 초신성을 이용한 우주론 연구는 대여섯 대의 망원경을 이용하는 많은 협력자들의 장기적인 노력을 필요로 한다. 가장 먼저 해 볼 만한 일은 수십억 년 전에 발생한 별의 폭발로부터 광자들(빛의 희미한 흔적들)을 '포착'하는 것이다. 먼 곳에 있는 초신성은 동일한 부분의 하늘을 반복해서 조사하면서 먼 은하에서 이따금씩 변하는 광점을 찾는 방법으로 발견할 수 있다. 가장 큰 장비는 (심지어 이렇게 중요한 일에서도) 단일 프로그램에 충분한 시간을 할당할 수 없을 정도로 쓰고 싶어 하는 사람이 많기 때문에 탐색은 보통 적당한 크기의 망원경으로 이루어진다. 그러고 나서 '광도 곡선'을 그리고 겉보기 등급을 가능한 한 정확하게 측정하기 위해서 각 초신성을 반복해서 관측해야 한다. 이것은 지상의 10미터 망원경이나 허블 우주 망원경을 필요로 한다. 모든 데이터를 분석하고 신뢰도를 평가하는 일은 정교한 작업이다.

어떤 과학적 주장이 예상 밖의 것일 경우에 독립적인 증거가 나타날 때까지 판단을 보류하는 것은 당연한 경향이다. 때로 독립적 증거가 나타날 때까지 오랜 시간 연구 팀에게 좌절감을 안겨 주기도 한다. 따라서 독립적인 두 연구 팀이 '초신성 우주 프로젝트'에 전념한 것은 다행스러운 일이었다. 이 분야에 진지하게 뛰어든 최초의 사람은 캘리포니아 로렌스 버클리 연구소의 물리학자 사울 펄뮤터(Saul Perlmutter)였다. 어쩌면 그가 많은 난관에 부딪히면서도 포기하지 않고 1990년 무렵 이 일을 한 것은 당시 천문학에 대해서 많이 알고 있지 못했기 때문인지도 모른다. 그는 점차 미국뿐만 아니라 영국 출신 공동 연구자 그룹들의 관심을 끌고 감동을 불러일으켰다. 역시 국제적인 모임인 두 번째 그룹이 나중에 소집되었다. 이 두 번째 그룹에는 초신성들을 훨씬 더 표준화된 분류군으로 분류하는 새로운 기술들(그 뒤 펄뮤터 그룹도 이 기술을 채택했다.)을 가진 몇몇 연구자들이 포함되어 있었다.

 1998년 무렵, 각 팀은 멀리 떨어져 있는 초신성 수십 개를 발견했고 임시 결과를 발표할 수 있을 정도로 자신감을 얻었다. 감속은 Ω가 1이었을 때 예상되는 상황보다 적었다. 이것은 Ω가 정확히 1이라면 우주가 '더 단순해질 것'이라는 강력한 이론적 편견에 반하는 것이기는 해도 본질적으로 놀라운 결과는 아니었다.(Ω를 0.3 이상으로 올리기에 충분한 암흑 물질이 있다는 증거가 전혀 없었다. 그러나 놀라운 사실은 감속이 전혀 없는 것처럼 보인다는 것이었다.) 사실 팽창이 가속되고 있는 것 같았다. 《사이언스》는 이것을 1998년 최고의 과학적 발견으로 평가했다.

 이 관측은 현존하는 망원경으로 가능하다. 먼 초신성은 정확한 측정이 어려울 정도로 희미하다. 더욱이 일부 천문학자들은 먼지 구름의 '안개'가 빛을 약하게 해서 초신성을 실제보다 훨씬 더 멀리 떨어져 있는 것처럼 보이게 하는 상황을 걱정한다. 또 이 '폭탄'은 전혀 표준화되어 있지 않을지도 모른다. 예를 들어 폭발력은 초신성의 전신(前身)인 별 내부의 탄소량 등에 의존할지도 모르며, 그 양은 우주가 더 젊었을 때 형성된(다시 말해서 우리가 가장 높은 적색 이동으로 관측하는) 천체에서는 체계적으로 더 낮아질 것이다. 비교 검토가 계속 이루어지고 있으며 매달 더 많은 초신성이 표본에 추가되고 있다.

우주 팽창은 빨라지고 있는가?

우주 팽창이 가속된다는 것은 공간 자체에 놀라운 미스터리가 있음을 의미한다. 즉 진공에도 '우주의 척력'을 일으키는 여분의 힘이 있는 게 틀림없다. 이 힘은 태양계에서 분간하기 어려울 것이다. 또 우리 은하 안에서도 힘을 쓰지 못할 것이다. 그러나 그 힘은 은하간 공간이라는 훨씬 더 희박한 환경에서는 중력을 압도할 수 있다. 암흑 물질의 중력적 인력에도 불구하고, 팽창은 실제로 가속될 수 있다. 그리고 우리는 이 '반중력'의 세기를 설명할 또 다른 중대한 수를 우리 목록에 추가해야 한다.

우리는 진공을 보통 '무(無)'로 생각한다. 그러나 만약 성간 공간에서 그 안에 있는 소수의 입자들을 제거하고, 심지어 통과하는 복사를 차단하고 절대 영도까지 냉각시킨다 해도, 남겨진 빈 공간에는 여전히 설명되지 않는 어떤 힘이 있을지 모른다. 아인슈타인이 이것을 추측했다. 일반 상대성 이론을 발표한 직후인 1917년, 그는 그 이론을 우주에 어떻게 적용할 수 있을지 생각하기 시작했다. 당시에 천문학자들은 사실 우리 은하에 대해서만 알고 있었고, 따라서 우주는 팽창하지도 수축하지도 않으며 정적이라고 가정할 수밖에 없었다. 아인슈타인은 정적 상태에서 만들어진 우주는 그 안에 있는 모든 것이 다른 모든 것을 끌어당기기 때문에 즉시 수축하기 시작할 거라고 생각했다. 여분의 힘이 중력을 상쇄하지 않는 한 우주는 정적인 상태로 지속할 수 없을 것이다. 따라서 그는 자신의 이론에 새로운 수를 추가했다. 그는 이 수를 '우주 상수'라고 부르고 그리스 문자 λ로 표시했다. 그렇게 하자 아인슈타인의 방정식에서 정적인 우주가 가능해졌다. λ의 값이 적절할 경우, 우주 척력이 중력과 정확히 균형을 이루기 때문이다. 이 우주는 무한하지 않고 유한하다. 당신이 보내는 빛은 결국 돌아와 당신의 뒤통수를 칠 것이다.

이 '아인슈타인의 우주'는 1929년 이후 골동품으로 전락했다. 천문학자들은 그 무렵 우리 은하가 그저 많은 은하들 가운데 하나일 뿐이며, 먼 은하들이 우리로부터 후퇴하고 있다는 사실을 깨달았다. 우주는 정적이지 않고 팽창하고 있었다. 아인슈타인은 그 후 λ에 흥미를 잃었다. 조지 가모브의 자서전 『나의 세계선(*My World Line*)』(국내에는 2000년에 사이언스북스에서 『조지 가모브』라는 제목으로 출간되었다. — 옮긴이)에는 아인슈타인이 사망하기 3년 전에 λ를 "최대의 실수"로 평가했다는 일화가 실려 있다. 왜냐하면 만약 그것을 도입하지 않았다면 그의 방정식들로부터 우리 우주가 팽창하고 있다(혹은 수축하고 있다.)는 결론을 얻을 수 있었을 것이기 때문이다. 그랬다면 그는 어쩌면 에드윈 허블보다 먼저 우주 팽창을 예측할 수 있었을지도 모른다.

아인슈타인이 λ를 고안한 이유는 70년 동안 폐물이 되어 있었다. 그러나 그렇다고 그 개념 자체가 손상된 것은 아니다. 반대로 λ는 이제 아인슈타인이 생각했던 것보다 덜 인위적이고 덜 임시변통인 것처럼 보인다. 우리는 이제 빈 공간이 아무것도 없는 곳이 아니라 '단순한 어떤 것'임을 이해하고 있다. 진공 안에는 모든 종류의 입자가 숨어 있다. 적당한 크기의 에너지만 주어지면 어떤 입자든 그 반입자와 함께 만들어진다. 훨씬 더 작은 규모에서 빈 공간은 여분의 차원 구조를 나타내는 심하게 얽힌 끈인지도 모른다. 우리가 현재 직면하고 있는 수수께끼는 'λ가 왜 그렇게 작을까?' 하는 것이다. 텅 빈 공간에서도 계속 진행되는 모든 복잡한 과정들이 왜 훨씬 더 큰 알짜 효과를 내지 않는 걸까? 우주 공간이 왜 원자핵이나 중성자별처럼 높은 밀도를 갖고 있지 않은 걸까?(그랬다면 우주의 크기는 10~20킬로미터가 되었을 것이다.) 심지어 공간은 왜 우주가 10^{-35}초였을 때(뒷장에서 통일 이론들의 중요성이 논의되는 시기)만큼의 밀도도 되지 않는 걸까? 사실 우주의 밀도는 초기 밀도보다 10^{120}배나 더 낮다. 아마도 과학의 크기 추측에서 이보다 큰 오류를 범한 예는 없을 것이다. λ의 값은 정확히 0은 아닐지 모르지만 확실히 은하간 공간에서만 힘을 발휘하는 매우 약한 중력하고만 맞먹을 수 있을 정도로 약하다.

일부 이론가들은 공간이 진공 속의 어떤 다른 에너지를 보상하기 위해 순응하며, λ를 거의 0이 되게 하는, 아주 작은 블랙홀들로 이루어진 복잡한 미세 구조를 갖고 있다고 제안했다. 우리 우주가 정말로 가속 팽창하고 있으며 따라서 λ가 0이 아니라고 판명된다면 이런 주장들은 사라질 것이다. 동시에 "매우 작은 양이라면 0으로 가정할 수 있고 또 정확히 0이 되어야 하는 어떤 심오한 이유가 있어야 한다."라는 식의 논리 전개가 위험하다는 것을 말해 줄 것이다.

λ가 0이 아닌 경우

 이 책을 쓰고 있던 시기인 1999년 봄에 λ가 0이 아니라는 의견이 강하게 대두되고 있었지만 압도적이지는 않았다. 그 근거가 되었던 초신성 관측에 미처 제대로 고려되지 않은 뜻밖의 경향이나 오류들이 있을 수 있었던 것이다. 그러나 다소 기술적이고 간접적이기는 해도, 우주의 가속 팽창을 뒷받침하는 또 다른 증거가 있었다. 바로 대폭발의 잔광이라고 할 수 있는 우주 배경 복사의 온도가 미세하게 다른 영역들이 산재하여 분포하고 있다는 사실이 발견되었다. 이 비균질 영역들은 이후 은하와 은하단으로 진화해 나가는 씨앗이라고 할 수 있다. 가장 뚜렷한 비균질 영역의 크기는 우리가 계산할 수 있는 양이다. 그것들이 하늘에서 얼마나 크게 보이는가, 즉 각크기가 1도인가 2도인가는 시선 방향을 따라 존재하는 모든 천체의 중력이 한 초점으로 모아지는 정도에 따라 결정된다. 1990년대에 이르러서야 우주 배경 복사의 비균질 영역의 크기에 대한 측정이 남극 대륙과 높고 건조한 산악 지역, 그리고 장시간 비행이 가능한 기구에서의 관측으로 가능하게 되었다. 이 최근의 측정들은 우주가 단순히 저밀도 상황이 아니라는 것을 말해 주었다. 만약 λ가 정말 0.3이고 λ가 0이라면, 은하단의 씨앗이 되는 비균질 영역의 크기는 관측되는 것보다 훨씬 작아 보일 것이다. 진공에서의 잠재 에너지는 중력의 집중을 더욱 강하게 한다. 만약 λ가 0.7 정도의 값이라면 비로소 관측값들이 우주의 가속 팽창을 뒷받침하는 초신성의 증거뿐만 아니라, 이들 관측값들 자체도 유쾌하게 설명될 수 있다.

중력은 행성과 별과 은하에서 지배적인 힘이다. 그러나 훨씬 더 큰 우주 규모에서는 평균 밀도가 대단히 낮으므로 다른 힘이 주도할 수도 있다. 자연에서 가장 신비할 뿐만 아니라 가장 약한 힘을 설명하는 우주의 수 λ가 우주의 팽창과 그 궁극적인 운명을 통제하는 것처럼 보인다. 아인슈타인의 '대실수'는 어쩌면 결국 성공적인 통찰로 밝혀질지도 모른다. 만약 그렇다면 아인슈타인이 예측하지 못했던 충격적인 사례가 또 하나 생기는 셈이다. 일반 상대성 이론이 내포하는 가장 놀라운 의미는 그것이 블랙홀을 예측했다는 사실이다. 그러나 프리먼 다이슨(Freeman Dyson)은 아인슈타인의 태도를 이렇게 요약했다.●

● J. 콘웰(J. Cornwell)이 편집한 『자연의 상상(Nature's Imagination)』(1998)에서.

아인슈타인은 블랙홀 아이디어에 회의적이었을 뿐만 아니라 적대시하기까지 했다. 그는 블랙홀의 해(解)가 관측으로 시험되어야 할 결과가 아니라, 더 나은 수학 공식으로 이론에서 제거해야 할 결함이라고 생각했다. 그는 개념이든 물리적 가능성이든 블랙홀에 대한 최소한의 열정도 보이지 않았다.

만약 λ가 0이 아니라면 그것이 우리가 관측하는 값('당연해' 보이는 값보다 10의 몇 제곱 정도 더 작은 수)을 갖는지의 문제에 직면한다. 우리의 현재 우주 환경은 λ가 훨씬 더 작다고 해도 거의 다르지 않을 것이다(하지만 장기 예측은, 아래에서 논의되겠지만, 다소 변경될 것이다.). 그러나 λ가 훨씬 더 컸다면 대격변적인 결과를 초래했을 것이다. 즉 λ가 더 컸다면 은하가 형성된 후에만 중력과 경쟁하는 게 아니라 고밀도 단계에 있는 내내 중력을 압도했을 것이다. 만약 팽창하는 우주에서 은하들이 만들어지기 전에 λ가 주도하기 시작했다면, 혹은 은하들을 붕괴시킬 정도로 강력한 척력이 있었다면 은하들은 존재할 수 없었을 것이다. 우리가 존재하기 위해서는 λ가 너무 크지 않았어야 한다.

먼 미래

지질학자들은 암석 지층에서 지구의 역사를 추론한다. 기후학자들은 남극의 빙하 층에 구멍을 뚫어 지난 수백만 년에 걸친 기온 변화를 추정한다. 마찬가지로 천문학자들은 다양한 거리에 있는 은하들의 스냅 사진을 찍어 우주의 역사를 연구할 수 있다. 우리에게서 멀리 떨어져 있는(적색 이동이 더 큰) 은하는 더 초기 단계의 진화를 겪고 있는 모습이다. 이론가들의 난제는 은하가 어떻게 진화하는지 이해하고 실제 은하와 정확하게 일치하는 컴퓨터 시뮬레이션을 만드는 것이다.

대부분의 은하는 이제 '신진 대사'가 느린 평형 상태의 차분한 성숙기에 접어들었다. 새로운 별이 더 적게 만들어지고 있으며, 푸른색 별이 거의 반짝이지 않는다. 그러나 먼 미래에는 어떨까? 만약 우주가 10배 더 늙었을 때, 100억 살이 아니라 1조 살이 되면 무슨 일이 벌어질까? 나는 그때쯤에는 팽창이 멈추고 뒤이어 대함몰이 일어나서 우주 만물이 블랙홀 안으로 떨어지는 우주 비행사와 똑같은 운명을 경험하게 될 거라고 추측하고는 했다. 그런 경우 우리 우주는 유한한 시간만큼만 존재할 수 있으며 최대한 커질 수 있는 공간에도 한계를 갖게 된다. 그러나 이 시나리오는 최근 몇 년 동안 축적되었던 증거와 반대로 1보다 큰 Ω 값을 요구한다. 암흑 물질은 확실히 존재하지만 완전한 '임계 밀도'를 생산하기에는 충분해 보이지 않는다. 즉 Ω가 1보다 작은 것처럼 보인다. 더욱이 λ로 묘사되는 여분의 우주 척력이 사실 우리 우주의 팽창을 가속시키고 있는지도 모른다.

팽창은 무한히 계속될 것처럼 보인다. 우리는 지금으로부터 100억 년 뒤(혹은 그 이상의 시간이 흐른 뒤) 생명체가 자력으로 자신의 운명을 어떻게 개척해 나갈지 예측할 수 없다. 생명체는 멸종될 수도 있다. 반면에 전체 우주에 영향을 미칠 수도 있고, 심지어 어쩌면 이런 예측을 무효로 만들 수 있는 정도까지 진화할 수도 있다. 그러나 우리는 활기 없는 우주의 궁극적인 운명을 계산할 수 있다. 심지어 가장 천천히 타는 별들도 죽을 것이고, 우리 국부 은하군(우리 은하와 안드로메다 은하와 수십 개의 다른 은하들)에 있는 모든 은하도 죽을 것이다. 다른 것들은 매우 차가운 중성자별이나 백색 왜성이 될 것이다.

훨씬 더 먼 미래를 보면, 식별할 수 없을 정도로 느린 과정들이 시작될 것이다. 전형적인 은하 안에서는 별의 충돌이 엄청나게 드물어지지만(우리 태양에는 다행스럽게도), 별의 수는 증가할 것이다. 종말 단계에 있는 일그러진 우리 은하는 죽은 두 별의 충돌을 나타내는 강렬한 불길들 때문에 산발적으로 타오를 것이다. 시간이 충분히 주어진다면, 중력 복사에 따른 에너지 손실(아인슈타인의 일반 상대성 이론에 따라 예측되는 효과)로 모든 별과 행성의 궤도가 마멸될 것이다. 원자들조차 영원히 살지 못할지도 모른다. 결과적으로 구성 입자들이 붕괴하기 때문에 백색 왜성들과 중성자별들도 침식된다. 결국 블랙홀들도 붕괴한다. 블랙홀의 표면은 양자 효과 때문에 약간 희미해지며, 그 결과 복사를 하게 된다. 현재 우주에서 이 효과는 원자 크기의 미니 블랙홀들이 실제로 존재하지 않는 한 너무 느려서 흥미롭지 않다. 별 질량의 블랙홀이 완전히 붕괴할 경우 10^{66}년이 걸린다. 그리고 태양 질량의 10억 배인 초거대 블랙홀은 10^{93}년 후에 붕괴한다.

결국 10^{100}년이 지나면 우리 국부 은하군에서 유일하게 살아남는 것은 수많은 암흑 물질과 소수의 전자와 양전자뿐이다. 우리 국부 은하군 너머에 있는 모든 은하도 똑같은 내부 붕괴를 경험하고 우리에게서 더 멀어진다. 그러나 은하들이 흩어지는 속도는 λ 값에 크게 의존한다. 만약 λ가 0이라면 보통 중력적 인력이 후퇴를 늦출 것이다. 즉 은하들이 가차 없이 더 멀어진다고 해도, 후퇴 속도(그리고 적색 이동)가 점차 줄어들기는 하겠지만 결코 0이 되지는 않을 것이다. 만약 우리의 먼 후손들이 대단히 큰 적색 이동을 보이는 은하들을 발견할 정도로 강력한 망원경을 갖고 있다면, 은하들이 본질적으로 점차 희미해지고 멀어지고 있음에도 불구하고, 우리의 현재 하늘에서 보이는 것보다 은하들을 더 잘 탐지할 수 있을 것이다. 예를 들어 1000억 년 뒤, 우리는 1000억 광년까지 멀리 볼 수 있을 것이다. 그 빛이 아직 우리에게 도달할 시간이 없었던 까닭에 우리의 현재 지평선 훨씬 너머에 있었던 천체들이 시야에 들어오기 때문이다.

그러나 만약 λ가 0이 아니라면, 우주의 척력이 은하들이 서로 멀어지는 속도를 가속할 것이다. 그러면 적색 이동이 줄어들기보다 증가하기 때문에 은하들이 시야에서 훨씬 더 빠르게 사라진다. 우리의 시야 범위는 블랙홀 주위에 있는 지평선을 뒤집은 모양의 지평선으로 한정된다. 물체들은 블랙홀 안으로 떨어지면 가속되고 블랙홀의 '표면'으로 다가갈수록 적색 이동은 점점 더 커지고 시야에서는 점점 더 희미해진다. λ가 지배하는 우주의 은하는 가속되어 우리에게서 멀어지며 지평선에 다가갈수록 광속에 훨씬 더 가까운 속도로 이동한다. 말기가 되어도 우리는 지금보다 조금도 더 멀리 보지 못한다. 모든 은하(안드로메다 은하를 비롯해서 우리 국부 은하군에 중력적으로 구속되어 있는 다른 작은 은하들)가 시야에서 사라지게 된다. 은하의 먼 미래는 우리 지평선 너머에 놓여 있으며 블랙홀 내부의 사건들만큼이나 이해하기 어렵다. 외부 은하의 공간은 영겁이 지나면서 급속도로 텅 비게 된다.

8
우주는 매끄럽지 않다: Q

우주는 결코 완전히 형성된 상태로 존재하지 않지만 아직 형태를 이루지 않은 물질로부터 진실로 놀라운 배열의 구조와 생명체를 만들 능력이 있다.

─성 아우구스티누스

중력과 엔트로피

자연의 가장 매력적인 패턴은 음악이나 그림처럼 완전히 규칙적이고 반복적인 것도 완전히 불규칙적이고 예측할 수 없는 것도 아니다. 이 둘의 특징을 조합한 것이다. 우리가 주변에서 보는 정교한 구조의 우주 환경은 완전히 질서가 잡혀 있지도 않으며 또 완전한 무작위 상태에 빠져 있지도 않다. 자연에는 대폭발에서 만들어진 간단한 수소와 중수소와 헬륨만 있는 게 아니라 92가지 다른 종류의 원자가 있다. 이 원자들 가운데 일부는 지구의 생물권 안에 복잡한 유기체 상태로 존재하며, 또 일부는 별들 속에 있고, 또 일부는 은하들 사이의 텅 빈 공간에 흩어져 있다. 그리고 온도 차이 또한 엄청나다. 별은 뜨거운 표면(그리고 훨씬 더 뜨거운 중심)을 갖고 있지만, 어두운 하늘은 '절대 영도'에 가깝다(대폭발의 마이크로파 잔광에 의해 고작 2.7도로 데워졌다.).

이런 난해한 복잡성이 모두 무정형의 불덩어리에서 생겨났다는 게 어쩌면 신성한 물리학 원리인 열역학 제2법칙을 위반하는 것처럼 보일지도 모른다. 이 법칙은 균질성 쪽으로 움직이려는, 그리고 패턴과 구조로부터 벗어나려는 냉혹한 경향을 설명한다. 즉 물체는 뜨거우면 미지근해지려 하고, 차가우면 데워지려는 경향이 있다. 잉크와 물은 확실히 섞일 수 있지만, 그 반대 과정, 즉 혼탁한 액체를 저었을 때 염료가 농축되어 까만 방울이 되는 것은 우리를 놀라게 한다. 질서 정연한 상태들은 뒤죽박죽으로 될 수 있지만, 그 반대 과정은 일어나지 않는다. 전문적인 말로 '엔트로피'

는 절대 감소할 수 없다. 국지적으로 일어나는 엔트로피 겉보기 감소는 항상 또 다른 곳에서의 엔트로피 증가로 상쇄된다. 이 원리의 고전적 예가 증기 기관차다. 기관차 피스톤의 질서정연한 운동은 항상 열의 소모를 일으킨다.

그러나 중력이 작용할 때에는 직관을 재고할 필요가 있다. 예를 들어 별은 안쪽으로 끌어당기는 자체 중력으로 결합되어 있다. 이 힘은 별의 뜨거운 내부가 밖으로 밀어내는 압력과 균형을 이루고 있다. 이상하게 보일지 모르지만, 별은 에너지를 잃을 때 가열된다. 태양 중심의 연료 공급이 끊겼다고 가정하자. 열이 훨씬 더 뜨거운 중심으로부터 확산되기 때문에 표면은 여전히 밝다. 그러나 핵융합으로 열이 재생산되지 않으면, 에너지가 새나가면서 태양은 점차 수축한다(캘빈 경이 19세기에 깨달았던 것처럼 약 1000만 년 안에.). 그러나 이런 수축은 사실 중심을 이전보다 더 뜨겁게 만든다. 즉 더 짧은 거리에서는 중력이 더 강력하게 끌어당기는데 중심부를 짓누르는 더 큰 힘과 균형을 맞출 수 있는 압력을 제공하기 위해 중심 온도가 증가하는 것이다. 인공 위성이 대기의 저항 때문에 점차 나선형을 그리며 더 낮은 궤도로 들어갈 때도 비슷한 일이 일어난다. 인공 위성은 가열되지만 중력으로부터 방출된 에너지의 절반만 열로 바뀌며, 나머지 절반은 위성을 가속시키는 데 들어간다(더 가까운 궤도가 더 빠르기 때문에).

따라서 새로운 별들이 차가운 먼지와 기체의 불규칙한 구름 안에서 응축하는 게 놀라운 일은 아니다. 밀도가 가장 큰 지역들은 자체 중력 때문에 수축하며 별들처럼 반짝일 정도로 압축된다. 그러나 예를 들어 오리온성운이나 독수리성운, 그리고 압축 과정에서 생기는 크고 작은 별들에서 이런 일이 정확히 어떻게 일어나는지는 초고성능의 슈퍼 컴퓨터가 있다고 해도 계산하기 어렵다(갈색 왜성이 얼마나 많은지, 그리고 어느 것이 우리 은하의 암흑 물질에 기여할 수 있는지 확실히 알 수 없는 것은 바로 이 때문이다.). 그러나 별의 생성은 원칙적으로 어떤 미스터리도 제기하지 않는다. 일단 중력이 어떤 체계를 장악하면, 그 체계는 가차 없이 수축한다.

대폭발부터 은하까지

우리 은하 안에 있는(그리고 다른 은하 안에 있는) 기체 구름들은 그 기원에 대한 어떤 '기억'도 담고 있지 않을 정도로 거세게 휘저어지고 재순환되어 왔다. 그러므로 별의 생성은 더 넓은 우주의 영향을 받지 않는다. 그러나 은하의 출현은 별의 생성 과정보다 복잡하다. 은하의 기원은 초기 우주에 있다. 은하는 환경뿐만 아니라 '유전 형질'에 따라 그 모양이 결정된다.

만약 우리 우주가 완전히 매끄럽고 균질하게 시작했다면 팽창 내내 그 상태가 유지되었을 것이다. 앞으로 100억 년 뒤, 우리 우주에는 암흑 물질이 엷게 퍼져 있을 것이고, 수소와 헬륨 기체는 세제곱미터당 1개 미만의 원자가 존재할 정도로 희박해질 것이다. 우리 우주는 차갑고 지루한 곳으로 바뀔 것이다. 은하도, 별도, 주기율표도, 복잡성도, 그리고 확실히 사람도 없을 것이다. 그러나 초기 단계에서 아주 미세한 정도의 불규칙성이 있었다면 중대한 차이가 생긴다. 왜냐하면 팽창하는 동안 밀도 차이가 증폭되기 때문이다. 밀도가 평균보다 조금이라도 큰 부분은 여분의 중력을 느끼므로 더 많이 감속한다. 그 부분의 팽창 속도는 평균 지역보다 점점 더 줄어든다(마찬가지로 공 2개를 약간 다른 속도로 던져 올리면 처음에는 궤도가 아주 미세한 정도만 다르겠지만 더 느린 공이 완전히 멈추고 이미 떨어지기 시작할 때 더 빠른 공은 여전히 올라가고 있을 것이다.). 중력은 거의 특징 없는 불덩어리에서 미세한 '파동'을 증폭시켜 밀도 차이를 증가시키며 마침내 과잉 밀도 지역이 팽창을 멈추고 응축해서 중력으로 결합되는 구조가 된다.

우주에서 가장 뚜렷한 구조(별과 은하와 은하단)는 모두 중력으로 결합되어 있다. 우리는 이 구조들이 얼마나 단단히 결합되어 있는지, 혹은 다른 말로 그 구조들을 와해시켜서 흩어 놓는 데 필요한 에너지와 전체 '정지 질량 에너지(mc^2)'의 비를 구할 수 있다. 우리 우주에서 가장 큰 구조인 은하단과 초은하단의 경우, 이 비는 약 1/100,000이다. 우리는 두 에너지의 비를 **Q**라고 부른다.

Q가 그렇게(대개 10^{-5} 정도로) 작다는 사실은 중력이 은하와 은하단에서는 아주 약하다는 것을 의미한다. 그러므로 뉴턴의 이론은 별이 은하 안에서 어떻게 움직이며, 각 은하가 은하단 안에 있는 모든 다른 은하들과 암흑 물질의 중력적 영향을 받으며 어떤 궤도를 그리는지를 만족스럽게 설명한다. **Q**가 작다는 것은 또한 표면의 굴곡이 반지름의 1/100,000(지구 크기 천체의 경우 60미터에 상당한다.)에 불과할 때는 천체를 매끄러운 구형으로 여기는 것과 마찬가지로, 우리 우주를 대략 균질하게 다룰 수 있음을 의미한다.

우주 공간의 굴곡은 우주에 은하와 은하단이 생기기 오래전에 만들어졌을 것이다. 굴곡의 크기에는 특별한 게 없다(사실 우리의 현재 우주에서 중요해 보이는 어떤 크기도 가능하다.). 초기 우주의 어떤 것도 특별한 크기를 선호하지 않으므로 굴곡은 모든 규모에서 똑같다는 가장 간단한 추측을 할 수 있다. 초기의 '거친' 정도는 우리의 전체 우주가 미세한 크기였을 때 정해진다. 이런 일이 어떻게 일어날 수 있는지는 9장에서 논의할 것이다. **Q**라는 수는 우리 우주의 '얼개'를 결정하는 데 중요하며, 그 값이 훨씬 더 크거나 훨씬 더 작다면 얼개도 매우 달라질 것이다.

마이크로파 잔광의 파동들

우리 우주는 별들을 품고 있는 성운처럼 밀도가 크고 불투명한 상태에서 출발했다. 그러나 5000만 년 동안 팽창한 뒤, 온도는 태양의 표면보다도 차가운 3,000도 정도로 떨어졌다. 우주는 더 냉각하면서 문자 그대로 암흑 시대로 들어갔다. 어둠은 최초의 원시 은하가 형성되어 다시 빛을 내기 시작할 때까지 지속되었다.

암흑 시대가 어떻게 끝났는지 탐사하는 것은 향후 10년 동안 천문학자들이 해결해야 할 과제다. 사람들은 제안된 '차세대 우주 망원경'에 많은 희망을 걸고 있다. 이 망원경에는 붉은빛과 적외선 복사를 잡아내는 감도 높은 검출기, 그리고 지름 8미터의 거울(허블 우주 망원경의 거울은 2.5미터밖에 되지 않는다.)이 장착될 계획이다.

대폭발 자체의 잔광인 우주 배경 복사는 은하들이 '태아' 상태로 존재했던 시대의 직접적인 메시지다. 밀도가 조금 큰 조밀한 지역들은 평균보다 더 느리게 팽창하며 곧 은하나 은하단이 될 것이고, 밀도가 조금 작은 다른 지역은 우주의 공간이 될 것이다. 그리고 마이크로파의 온도는 이 굴곡들의 흔적을 품고 있을 것이다. 예상되는 효과는 1/100,000(본질적으로 굴곡의 크기를 특징짓는 기본적인 수 Q와 똑같은 수) 정도다.

1990년대 우주론의 확실한 승리는 우주 구조의 이 전임자들을 그린 정밀한 지도를 실제로 지도로 만들었던 일이었다. 우주 배경 복사는 지구(그 표면의 온도가 절대 영도보다 300도 정도 높은)에서 방출되는 복사보다 100배 정도 약하다. 당시의 기술적 과제는 10만 배나 더 작은 온도 차이를 측정하는 것이었다. 1990년에 발사된 NASA의 COBE 위성은 이 마이크로파가 '흑체' 스펙트럼을 갖는다는 사실을 놀라운 정확도로 확인했다(5장 참고). COBE 위성에는 또한 일부 방향의 복사가 다른 방향보다 약간 더 뜨겁다는 사실을 식별할 수 있는 고감도 장비가 장착되어 있었다. 이 위성은 전체 하늘을 자세히 조사하면서 우주의 비균질성을 정밀하게 나타낼 정도로 온도를 정확하게 측정했다.

대기 안의 수증기가 일부 복사를 흡수하기 때문에 이런 종류의 측정은 우주 공간에서 이루어지는 게 가장 좋다. COBE에 이어 산 정상이나 남극(지구에서 가장 건조한 지역이라 수증기가 거의 없다.) 혹은 기구에 실린 장비로부터 더 많은 관측이 이루어졌다. 이 새로운 실험들을 통해서는 위성처럼 전체 하늘(전천, 全天)이 아니라 작은 면적의 지도를 만들 수 있을 뿐이었지만 엄청나게 적은 비용으로 동일한 감도를 얻었다.

다음의 큰 발전은 COBE보다 더 진보하고 더 민감한 감지 장치를 싣게 될 두 우주 탐사선, 즉 NASA의 마이크로파 이방성 탐사선(Microwave Anisotropy Probe, MAP)과 유럽 우주 기구의 플랑크/서베이어(Plank/Surveyor)를 통해 이루어질 것이다. 이 탐사선들은 수년 이내에 많은 다양한 규모에서 초기 우주의 '거침 정도'에 대한 충분히 정확한 데이터를 산출해서, 은하가 어떻게 탄생했는지에 대한 중요한 물음들을 해결할 것이다. 우주 배경 복사는 아주 초기 우주에 대한 많은 정보를 담고 있다. 그것은 예를 들어 **Q**뿐만 아니라 Ω와 λ의 정확한 결정을 도와줄 것이다.

잔광 온도의 비균질성을 1/100,000의 수준으로 찾아낸 것은 사실 충격보다 안도를 안겨 주었다. 만약 우주 배경 복사가 훨씬 더 매끄러운 초기 우주를 나타냈다면 우리의 현재 우주 안에 있는 은하단과 초은하단은 수수께끼의 존재가 되었을 것이다. 즉 중력은 제쳐놓고라도, 밀도 차이를 훨씬 더 빨리 증폭시킬 수 있는 여분의 힘이 있어야 하는 것이다.

그러나 Q가 1/100,000에 불과하다는 사실은 정말로 우리 우주의 가장 놀라운 특징이다. 당신이 만약 1/100,000까지 정확하게 구형인 돌멩이 하나를 집어 올린다면, 무엇이 이 작은 불규칙들을 일으켰을까 하고 놀라겠지만 전체적인 매끄러움에 훨씬 더 당황할 것이다. 9장에서 살펴볼 '급팽창'이 우리가 갖고 있는 가장 좋은 이론이며, 온도의 굴곡들은 이러한 아이디어들을 시험하고 평가하게 해 준다.

우주 진화 시뮬레이션

우주의 나이가 100만 살이 되었을 때, 모든 것은 여전히 거의 일정하게 팽창하고 있었다. 그 구조들이 어떻게 응축해서 우리가 지금 관측하는 우주 풍경으로 발달했을까? 오늘날 우리는 컴퓨터를 이용해 '가상' 우주를 연구할 수 있다. 시뮬레이션을 시작할 때 물질은 팽창하고 있지만, **Q**의 특정한 값에 해당하는 불규칙성들이 초기 조건의 일부로서 제공되기 때문에 아주 균일하지는 않다.

가장 유력한 중력 물질은 서로 거의 충돌하지 않지만 중력의 영향을 받는, 초기 우주에서 살아남은 '암흑 물질'이다. 만약 점점 더 커지는 부피를 평균한다면, 초기 우주는 점차 매끄러워지는 것처럼 보였을 것이다.● 이것은 관련된 힘이 중력밖에 없다면 작은 규모들이 먼저 응축할 것임을 의미한다. 우주의 구조는 작은 것부터 큰 것으로 단계적으로 만들어진다. 수많은 암흑 물질은 먼저 은하보다 작은 규모로 응축한다. 이것들이 병합해서 은하 질량의 천체가 되며, 그것들이 모여 다시 은하단을 이룬다. 대규모의 팽창을 중력으로 되돌리는 데에는 긴 시간이 필요하다.

그러나 이 단계적인 결합은 본질적으로 어둡고 메마른 우주의 원인이 된다. 우주의 '효모'는 원자다. 원자의 총질량은 암흑 물

● 언뜻 보기에 이것은 **Q**가 모든 규모에서 똑같다는 말에 반대되는 것처럼 보일지 모른다. 그러나 **Q**는 사실 과잉 밀도에 길이 규모의 제곱을 곱한 값으로 측정된다. 뉴턴의 중력 법칙에 따르면, 어떤 구의 표면에서 중력적 결합 에너지는 (질량)/(반지름)에 의존한다. 그러나 질량은 다르지만 밀도는 같은 구의 경우, 질량은 (반지름)^{3}에 의존하며, 따라서 결합 에너지는 (반지름)^{2}으로 변한다. 따라서 밀도 파동은 더 큰 규모에서 진폭이 더 작다.

질의 총질량보다 훨씬 더 적다. 원자는 소극적으로 가담하면서 암흑 물질의 중력을 '느끼는' 묽은 기체를 구성한다. 그러나 우리가 실제로 보는 모든 것은 이 기체에 달려 있다.

기체는 암흑 물질보다 더 복잡한 방식으로 행동한다. 왜냐하면 그것에 미치는 힘이 중력만 있는 게 아니기 때문이다. 기체는 중력을 '느끼지만' 압력을 가하기도 한다. 이 압력은 기체가 중력에 의해 매우 작은 '덩어리'의 암흑 물질로 끌려가지 않게 한다. 그러나 태양 질량의 100만 배보다 큰 규모에서는 중력이 우세해진다. 우주의 암흑 시대를 끝내는 '최초의 빛'을 만들어 내는 최초의 기체 응축물은 별보다 100만 배 더 무겁다. 기체 운동을 이해하는 데 사용되는 컴퓨터 프로그램은 항공 엔지니어들이 항공기의 날개 주위와 터빈을 통과하는 흐름을 연구하는 데 사용하는 프로그램과 유사하다. 그런 계산은 풍동 시험의 대용품으로 여겨질 정도로 신뢰할 만하다. 그렇다고 해도 붕괴하는 구름들 내부에서 무슨 일이 벌어지는지를 계산하는 일은 훨씬 더 어려우며, 아직까지 단 하나의 구름에서 별들의 집단이 만들어지는 시뮬레이션을 실행한 사람은 아무도 없다. 태양 질량의 100만 배인 기체를 포함하는 구름은 산산이 부서져서 태양 같은 별 100만 개가 되거나 혹은 더 큰

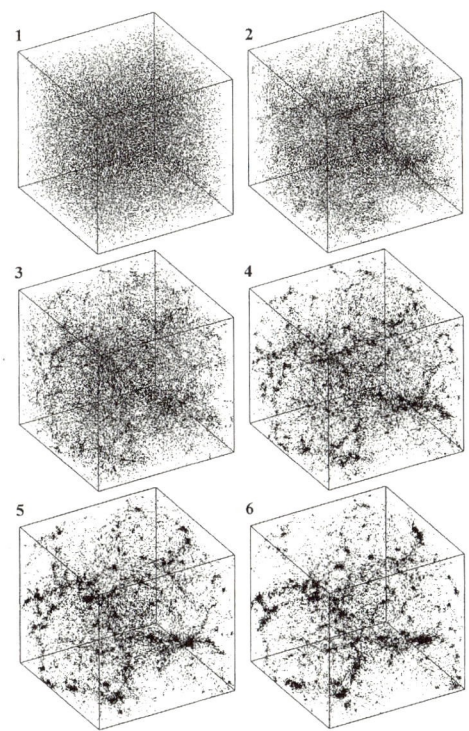

그림 5

팽창하는 우주에서 구조가 창발되는 과정을 보여 주는 컴퓨터 시뮬레이션의 여섯 가지 틀. 이 그림들에서는 총체적인 팽창이 감해지므로 상자들이 동일한 크기로 남아 있다. 초기 구조는 거의 인지할 수 없게 불규칙하게 흩어져 있다. 팽창하는 동안 밀도 과잉 지역들이 점점 더 뒤처진다. 밀도 차이가 커지고, 결국 응축해서 중력적으로 구속된 구조들을 형성한다. 이 구조들이 병합해서 우리 인류 출현에 꼭 필요한 은하들을 만든다.

질량을 가진 더 적은 수의 천체가 될 수 있다.

이 최초의 천체들은 우주가 몇 억 살에 불과할 때 형성되었을 것이다. 우주의 나이가 10억 년 쯤 되었을 때에 비로소 은하 규모의 구조가 만들어졌을 것이며, 이들은 별들의 모임이지만 별 자체의 중력이 아니라 별보다 10배는 더 크게 분포하고 10배는 더 무거운 암흑 물질의 중력으로 모여 있게 된다. 기체는 이 천체들 안으로 계속 떨어지며 냉각된다. 만약 기체가 회전하고 있다면 원반으로 안정되며, 응축해서 별이 되고, 주기율표의 모든 원소를 합성하고 흩어지게 하는 재순환 과정이 시작된다.

이런 과정의 개략적인 윤곽을 보여 주는 컴퓨터 시뮬레이션은 우리 우주의 팽창과 은하의 출현을 실제 속도보다 10^{16}배 정도 빠르게 묘사하는 영화처럼 상영할 수 있다! 그림 5는 그러한 시뮬레이션의 여섯 가지 틀을 보여 준다.

개개의 은하와 마찬가지로, 은하단과 초은하단은 중력적 응집의 결과다. 갓 형성된 은하들은 완전히 균일하게 퍼지지는 않아서 어떤 장소에 약간 더 많이 몰려 있을 것이다. 팽창이 계속되면, 잉여 질량이 있는 지역들은 더 감속될 테고, 따라서 그 지역의 은하들은 결국 평균보다 더 빽빽하게 모여 있게 된다.•

가상 우주가 정말로 우리의 실제 우주와 닮았는지는 어떻게 조사할 수 있을까? 시뮬레이션은 오늘날 관측된 은하들의 특성(그것들의 독특한 크기와 모양, 원반형 은하들의 비율과 타원형 은하들의 비율)과 은하들이 모이는 방식을 모방해야 한다. 그러나 그것만으로는 만족할 수 없다. 즉 그것은 은하들이 과거에 어떤 모습이었고, 더 초기에는 어떻게 모여 있었는지를 말해 주는 '스냅 사진들'과 일치해야 한다.

앞에서 논의했던 것처럼, 가장 먼 은하에서 지금 우리에게 도달하는(그리고 신세대 망원경들이 탐지하고 분석할 수 있는) 빛은 그 은하가 갓 형성되었을 때 출발한 빛이다. 그리고 그 은하는 현재의 은하와 다르게 보인다. 어떤 은하도 아직은 꾸준히 회전하는 원반으로 안정되지 않았으며, 그저 일부 성분 기체만 별들로 변했을 뿐이다. 갓 형성되었을 무렵의 은하는 대부분 작다. 즉 그런 은하들이 연속적으로 병합하며 더 작은 이웃들을 포획함으로써 우리가 오늘날

● 개별 은하는 은하단(그것은 단일 '초은하'가 되지는 않는다.) 안에서 살아남는 반면, 은하 안의 구조는 왜 제거되었는지 궁금할지 모른다. 이것은 계층적인 군집의 나중 단계에서, 기체가 너무 뜨겁고 너무 흩어져 있어서 별로 응축할 수 없기 때문이다. 별의 형성 과정은 은하보다 더 큰 규모에서 '억제'된다.

보는 큰 은하들을 형성한다.

초기 항성 생성의 부산물로, 훨씬 더 흥미로운 일이 일어난다. 일부 기체는 암흑 물질 입자들 무리의 한가운데에 자리잡고 자체 중력으로 수축해서 보통 별보다 100만 배 더 무거운 '초성(superstar)'이 된다. 그렇게 커다란 천체는 핵 연료가 오랫동안 지속되지 못할 정도로 밝게 빛난다. 그 별은 폭발이 아니라 붕괴해서 블랙홀을 형성하는 것으로 생을 마감한다. 따라서 일단 은하가 형성되기 시작되면, 공간은 이 블랙홀들로 '뻥뻥 뚫린다.' 기체가 블랙홀 안으로 계속 떨어져서 은하의 나머지 부분을 무색하게 하는 강력한 빛을 발한다.

'퀘이사' 혹은 '활동 은하핵'이라고 불리는 이러한 천체는 두 가지 이유 때문에 흥미롭다. 우선 이 천체는 은하 자체보다도 더 밝게 빛나며, 따라서 먼 우주를 비추는 탐침 역할을 한다. 퀘이사에서 나온 빛의 스펙트럼은 퀘이사와 우리 사이에 있는 기체 구름들의 정체를 드러내며, 앞에서 보았듯이 대폭발 이론의 중요한 증거였던 중수소 양을 가늠할 수 있게 해 준다. 둘째, 이 천체는 일반 상대성 이론의 중요한 시험을 가능하게 한다. 이 천체가 방출하는 에너지는 블랙홀 아주 가까이에서 소용돌이치고 있는 물질로부터, 그리고 어쩌면 회전하고 있는 블랙홀 자체로부터 나온다. 이 흐름의 실제 상을 얻을 가능성은 없지만(그것은 또 다른 별의 주위를 돌고 있는 지구형 행성의 상을 얻는 것보다 훨씬 더 어렵다.) 이 천체가 방출하는 복사는 강한 중력 때문에 적색 이동된다(그리고 물론 우주의 보통 적색 이동에 보태진다.). 또 기체가 블랙홀 근처에서 고속으로 소용돌이치고 있어 큰 도플러 효과가 있을 것이다(멀어지고 있는 쪽에서는 적색이 되고, 반대편에서 다가오는 가스에서는 청색이 된다.). 우리가 상대성 이론에 따라 추론한 퀘이사 주변 기체의 운동과 중력장의 성질을 관측 결과와 비교할 수 있다.

얼마나 예측할 수 있을까?

만약 '대폭발 이후 무슨 일이 일어나고 있는가?'를 단 한 문장으로 요약해야 한다면, 심호흡을 한 번 하고 이렇게 대답하는 게 가장 좋다. "태초 이후 100억 년 뒤에 우리와 우리 주위에 놓여 있는 복잡성이 창발되는 데 꼭 필요한 중력이 우주의 구조들을 만들고 온도 차이를 증가시켜 왔다."라고.

일단 자체 중력으로 내려앉을 정도로 무거운 체계들이 형성되면, 평형 상태로부터의 이탈이 증가한다. 그에 따라 우리 우주는 균질하게 뜨거운 원시 불덩어리에서 아주 차가운 텅 빈 공간으로 복사하는 매우 뜨거운 별들을 포함하는 조직적인 상태로 진화했을 수 있다. 이것은 점차 복잡해지는 우주 진화와 생명 출현의 발판을 마련한다. 개개의 별은 진화하면서 밀도가 높아지지만(일부는 중성자별이나 블랙홀로 생을 마감한다.), 전체적으로 물질은 더 엷게 퍼진다. 이러한 복잡성은 거의 구조가 없는 초고밀도의 원시 매질까지 거슬러 올라가는 일련의 사건의 결과다.

우주의 구조가 어떻게 창발되었는가에 대한 우리의 견해는 흥미롭게도 생물학적 진화에 대한 다윈의 견해와 비슷하다. 진화론에서도 전체 과정이 어떻게 시작되었는가는 여전히 미스터리다. 즉 Q가 결정되는 방식(아마도 아주 초기 우주에서 미세 진동 등이 발생하는 방식)은 지구에 출현한 최초의 유기체의 기원과 마찬가지로 수수께끼다. 그러나 우주는 한 가지 중요한 면에서 더 간단하다. 일단 시작점이 결정되면 결과를 개괄적으로 예측할 수 있다는 것이다. 똑같은 방식으로 출발한 우주의 모든 커다란 부분은 통계적으로 유사하게 끝난다. 반대로 생물학적 진화의 총체적인 과정은 기후 변화, 소행성 충돌, 전염병 같은 '사건'에 민감하게 반응한다.

따라서 만약 지구의 역사가 다시 실행된다면, 상당히 다른 생물권으로 끝날 수도 있다.

구조 형성의 컴퓨터 시뮬레이션이 그렇게 중요한 까닭은 바로 이 때문이다. 은하와 은하단은 초기 불규칙성에 작용하는 중력의 결과다. 우리는 통계만 설명하려고 할 뿐, 상세한 패턴은 설명하려고 하지 않는다. 해양학자가 특정 장소에서 특정 시간에 단 한 번의 스냅 사진으로 찍은 파도의 세부가 아니라 파도의 통계를 이해하려고 애쓰는 것과 마찬가지다.

시작점은 Ω와 λ와 **Q**로 설명되는 팽창하는 우주다. 결과는 아주 초기 우주에서 각인된(어떻게 그렇게 되었는지는 확실히 모르지만) 이들 중요한 세 수에 민감하게 의존한다.

Q의 조율

은하와 은하단과 초은하단이 형성되려면 분명히 우주에 충분한 암흑 물질과 충분한 원자가 있어야 한다. Ω 값은 너무 작지 않아야 한다. 즉 복사만 있고 그밖의 다른 것은 거의 없는 우주에서는 중력이 결코 압력을 압도할 수 없다. 그리고 λ는 은하들이 형성되기 전에 우주의 척력이 중력을 압도할 정도로 커서는 안 된다. 또한 초기에 흩어진 가스 안에는 모든 은하가 포함하고 있는 모든 별을 만들기에 충분한 보통 원자가 있어야 한다. 그러나 우리는 다른 무언가가, 즉 구조가 성장할 수 있는 '씨앗'이 될 초기의 불규칙성이 필요하다는 사실을 알았다. **Q**는 이러한 불규칙성, 즉 '굴곡'의 크기를 측정한다. **Q**가 왜 10^{-5} 정도인지는 아직 미스터리다. 그러나 그 값은 중요하다. **Q**가 만약 훨씬 더 작거나 훨씬 더 크다면, 우주의 '짜임새'는 상당히 달라질 것이며 생명체 출현에 별로 도움이 되지 않을 것이다.

Q가 10^{-5}보다 작고 우주의 다른 수는 변하지 않는다면, 암흑 물질의 집합들이 발달하는 데 더 오랜 시간이 걸리고 물질들의 집합은 더 작고 더 느슨해질 것이다. 이런 환경에서 생겨나는 은하는 저밀도 구조를 갖는다. 그곳에서는 항성도 느리게 형성되고 활기도 띠지 못하며 별 내부에서 생기는 새로운 원소들이 새로운 별과 행성계의 탄생에 사용되지 못하고 은하 밖으로 떨어져 나간다. **Q**가 만약 10^{-6}보다 더 작다면 가스는 결코 중력적으로 구속된 구조로 응축되지 못한다. 그런 우주는 설사 원자와 암흑 물질과 복사의 초기 '혼합물'이 우리 우주와 똑같다고 해도, 영원히 어둡고 특징

없는 모습으로 남게 된다.

반면에 **Q**가 10^{-5}보다 큰 우주는 요동치는 격렬한 장소가 된다. 은하보다 훨씬 더 큰 지역들이 우주의 역사 초기에 응축한다. 그 지역들은 쪼개져서 별이 되지 않고 붕괴해서 각각 우리 우주의 전체 은하단보다도 훨씬 더 큰 거대 블랙홀이 된다. 살아남은 기체는 강렬한 엑스선과 감마선을 방출할 정도로 뜨거워진다. 은하는 (비록 용케 만들어진다고 해도) 우리 우주 안에 있는 실제의 은하보다 훨씬 더 단단히 구속되어 있다. 별들이 너무 바짝 붙어 있고 너무 자주 충돌해서 안정한 행성계를 유지하지 못한다(비슷한 이유 때문에 태양계는 우리 은하의 중심에 매우 가깝게 존재할 수 없다. 왜냐하면 중심에 가까운 지역에서는 별들이 외곽 지역에 비해 빽빽하게 모여 있기 때문이다.).

부연하자면 **Q**가 1/100,000이라는 사실은 **Q**가 더 클 때보다 우주론자들이 우리 우주를 훨씬 더 이해하기 쉽게 만든다. **Q**가 작으면 구조들이 모두 지평선에 비해 작으며, 우리의 시야는 좋은 표본이 될 수 있는 많은 독립적인 부분들을 볼 수 있을 정도로 크기 때문이다. 만약 **Q**가 훨씬 더 컸다면, 초은하단들은 지평선 너머까지 펼쳐져 있었을 것이다(우리 우주에서처럼 그 규모의 1퍼센트 정도로 제한되기보다.). 그러면 관측 가능한 우리 우주의 '매끄럽게 펴진' 평균 특성에 대해 말하는 것은 무의미해질 테고, 우리는 Ω 같은 수를 정의할 수도 없을 것이다.

Q가 작지 않았다면 우주론자들은 어떤 진전도 이루지 못했겠지만 **Q**가 작은 값을 갖게 된 것은 최근까지만 해도 유쾌한 우연처럼 보였다. 이제야 우리는 **Q**가 그렇게 작은 게 그저 우주론자들의 편의를 도모하기 위해서가 아니며, 우리 우주가 만약 이렇게 간단한 특징을 갖지 않았다면 생명체가 진화할 수 없었을 거라는 중요한 사실을 깨닫게 되었다.

9
우리의 현주소 Ⅲ: 지평선 너머

그렇다면 세상은 어떤 시간의 흐름 속에서 만들어진 것이 아니라, 시간과 동시에 만들어진 것이다. 왜냐하면 시간 속에서 만들어진 것은 특정 시간의 전후 관계 속에 있으며, 그 이전은 과거가 되고 그 이후는 미래가 되기 때문이다. 그러나 세상이 만들어지기 전에는 시간의 흐름과 관계되어 측정할 수 있는 아무런 피조물이 없었으므로 과거가 있을 수 없다. 따라서 시간이 만들어짐과 동시에 세상이 창조된 것이다.

—성 아우구스니투스

대폭발 이야기를 얼마나 믿을 수 있을까?

대폭발 이론은 30년 이상 아슬아슬하게 살아남았다. 만약 측정 결과들이 이론과 달랐다면 금방 반박되었을 것이다.

- 천문학자들이 헬륨의 양이 0이거나 수소의 양이 23퍼센트 미만인 천체를 발견했다면 대폭발 이론은 치명적인 타격을 받았을 것이다. 왜냐하면 별 내부에서 일어나는 핵융합 반응으로는 수소를 헬륨으로 바꿀 수는 있지만 헬륨을 다시 수소로 바꿀 방법은 없기 때문이다.

- COBE 위성이 우주 배경 복사를 정확하게 관측한 결과, 그 스펙트럼이 '흑체 곡선'이나 '열 곡선'과는 다른 곡선을 그리는 것으로 밝혀졌을지도 모른다.●

● 특히 밀리미터 파장에서 COBE에 의해 측정된 강도는 센티미터 파장에서 이미 확실하게 결정된 값으로부터 외삽해서 얻은 값보다 더 약했을지도 모른다. 많은 과정이 여분의 밀리미터파 복사, 예를 들어 먼지나 혹은 매우 큰 적색 이동을 하는 별의 방출을 보탤 수 있었을 테고 따라서 이들 파장에서 강도가 흑체보다 더 강했다고 해도 당황하지 않았을 것이다. 그러나 센티미터 파장에서보다 더 낮은 밀리미터파 온도를 해석하기란 어려울 것이다.

- 물리학자들은 중성미자와 관련해서 대폭발과 양립할 수 없는 무언가를 발견했을지도 모른다. '불덩어리'에는 중성미자가 광자처럼 원자보다 엄청나게(10억 배 정도) 많을 것이다. 만약 중성미자 하나가 원자 무게의 100만 분의 1 정도 나간다면 총체적으로는 엄청난 질량(암흑 물질 안에 숨겨져 있을 양보다도 훨씬 더 많을 것이다.)이 될 것이다. 6장에서 논의한 것처럼, 실제 질량은 대폭발 이론을 곤란에 빠뜨리기에는 너무 적은 것처럼 보인다(0은 아닌 것 같다.). 그러나 질량이 더 큰 것으로 드러날 수도 있었을 것이다.

- 중수소의 양이 대폭발에서 살아남을 것으로 예상되는 양과 일치하지 않을 수도 있었을 것이다.

- 하늘 전체에 퍼져 있는 온도 굴곡들은, 8장에서 논의된 것처럼 1/100,000라는 값과 일치하지 않고, 우주의 현재 구조에서 추론되는 것과 모순되는 Q의 값을 암시할 수 있었을 것이다.

대폭발 이론은 이런 시험들에도 불구하고 살아남았다. 우리 우주가 팽창하고 1초(헬륨이 형성되기 시작했던) 후부터 벌어진 일들

214 여섯 개의 수

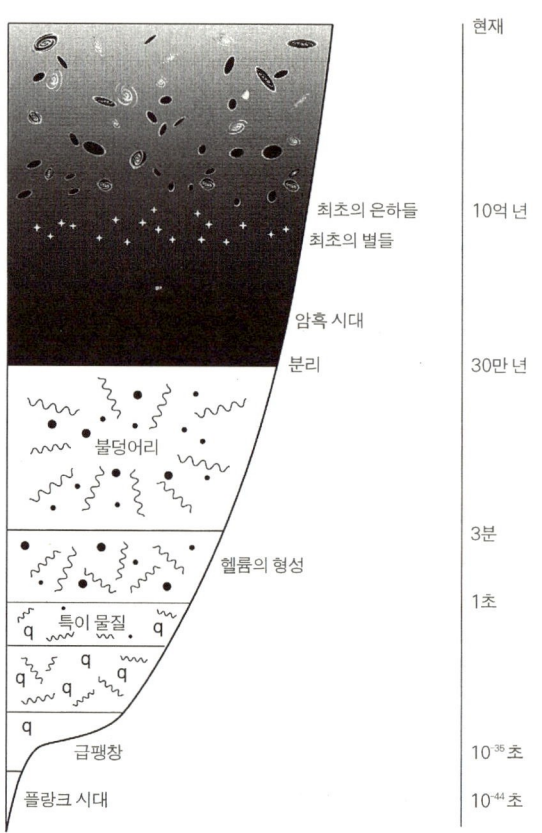

그림 6
우주 팽창의 연표.

을 대폭발 이론에 따라 추론한 것은 간접적이고 덜 정량적이다. 그러나 암석과 화석으로부터 지구의 초기 역사를 추론했던 방법들과 마찬가지로 진지하게 받아들여져야 마땅하다.

훨씬 더 과거까지, 그저 처음 1초가 아니라 처음 몇 분의 1초까지 추정함으로써 더 깊이 이해할 수 있고, 심지어 우주의 이 중요한 수들을 '설명'할 수 있을지도 모른다.

우리는 아주 많이는 아니라도 대폭발로 조금 더 가까이 돌아갈 수 있다. 처음 100만 분의 1초 동안에는 모든 게 중성자별보다도 밀도가 컸을 것이다. 그런 상태에서는 물리학을 크게 믿을 수 없다. 아주 뜨겁고 밀도가 큰 조건은 미시 규모에서 원기 왕성한 입자들을 충돌시키는 실험으로 시뮬레이션할 수 있다. 그러나 이런 방법으로 돌아갈 수 있는 과거에는 한계가 있다. 제네바에 있는 유럽 입자 물리 연구소(CERN)에 건설되고 있는 거대 강입자 가속기(Large Hadron Collider, LHC, 이 가속기는 2007년 가을부터 가동되기 시작할 예정이다. 14테라전자볼트, 즉 14×10^{12}전자볼트의 에너지 상태를 만들 것으로 기대되고 있다.—옮긴이)도 대폭발의 모든 입자들이 처음 10^{-14}초 동안 가졌던 에너지에 도달하지는 못할 것이다. 우리 우주의 중요한 특징들은 우주의 시계가 10^{-35}초나 혹은 그 전을 가리키고 있을 때 각인되었을 것이다. 이런 정황에서는 우주의 나이에서 우주 시계의 소수점 밑으로 0이 하나씩 추가될 때마다 엄청나게 중요한 일들이 벌어진다. 우주 팽창의 역사에서 10^{-14}초와 10^{-35}초 사이의 간극은 헬륨이 형성되는 3분의 문턱(대폭발 이후 약 200초)과 현재(3×10^{17}초, 혹은 100억 년) 사이보다 더 크다. 과연 이 짧은 시간 동안 어떤 일이 벌어졌을까?

미시 세계의 통일

태초로 돌아가면 거시 세계와 미시 세계의 미스터리들이 중첩된다. 이런 미스터리들을 탐사하기 위해, 우리는 대규모 세계를 지배하는 힘인 중력과 개개 입자를 지배하는 다른 힘들을 관련시켜야 한다. 이 일은 여전히 완성되지 않았다. 그러나 소립자 세계의 다양한 힘과 입자가 어떤 패턴으로 구분되는지는 이제 보이기 시작했다.

19세기 초에 마이클 패러데이는 전기와 자기가 긴밀하게 연결되어 있다는 사실을 깨달았다. 즉 움직이는 자석이 전류를 발생시켰고, 움직이는 전하는 자기장을 만들었다. 이 원리는 전기 모터와 발전기의 기초가 된다. 1864년에 제임스 클러크 맥스웰(James Clerk Maxwell)은 패러데이의 발견들을 유명한 방정식 집합으로 만들었는데, 이 방정식들은 변하는 전기장이 어떻게 자기장을 만들고, 자기장은 또 어떻게 전기장을 만드는지를 표현했다. 진공에서 이 방정식들은 전기장과 자기장이 진동하는 곳에서 해를 갖는다. 이것이 바로 빛의 본질이다. 즉 빛은 전기와 자기 에너지의 파동이다(전파와 엑스선과 우리가 지금 전자기 스펙트럼이라고 부르는 것도 마찬가지이다.).

이렇게 해서 뚜렷한 두 힘, 즉 전자기력(하나의 힘으로 인식된다.)과 중력이 남았다. 패러데이도 중력과 전자기력을 통일하고 싶어 했지만 그는 그것이 시기상조임을 깨달았다. 100년 뒤, 아인슈타인은 말년을 이 두 힘 사이의 심오한 관계를 찾으면서 보냈다. 그러나 그것은 여전히 공허한 탐색이었다. 이제 우리는 그가 그럴 수밖에 없었던 이유를 알고 있다. 그는 당시에 원자핵을 지배하는 단거리 힘들에 대해, 즉 양성자와 중성자를 원자핵 안에 구속시키는 (그리고 우리가 언급한 수 ε을 결정하는) '강력(핵력)'과 방사능 붕괴와 중성미자에 중요하게 작용하는 '약력'에 대해 알지 못했기 때문이다. 아인슈타인의 가장 저명한 전기 작가인 물리학자 에이브러햄

파이스(Abraham Pais)의 말처럼, 아인슈타인은 일생의 마지막 30년 동안 "낚시를 했던 것이나 다름없다."

현재의 과제는 네 힘을 통일하는 것이다. 미시 세계를 지배하는 세 가지 힘인 전자기력, 핵력, 약력과 거시 세계를 지배하는 중력을 말이다. 현대 물리학자 중 이 통일을 향해 최초의 발걸음을 내딛은 사람들은 미국의 셸던 글래쇼(Sheldon Glashow)와 스티븐 와인버그(Steven Weinberg), 네덜란드의 헤라르뒤스 토프트(Gerard t'Hooft), 그리고 파키스탄의 물리학자 압두스 살람(Abdus Salam)이었다. 그들의 연구 결과는 전기력과 자기력(맥스웰이 통일한 바 있다.)이 아주 달라 보이는 힘, 즉 중성미자와 방사성에 중요한 역할을 하는 약력과 관련되어 있다는 사실을 보여 주었다. 이 힘들은 초기 우주에서는 하나였을 것이다. 그 힘들은 우주의 온도가 임계 온도보다 낮은 10^{15}도 정도(우주의 나이가 10^{-12}초 되었을 때의 온도)가 된 후에야 비로소 자신의 본질을 획득했다. 초대형 가속기들은 이러한 온도를 시뮬레이션할 수 있으며, 유럽 입자 물리 연구소의 실험으로 살람과 와인버그가 예측한 새로운 입자들이 발견됨으로써 그들의 주장이 입증되었다.

1950년대와 1960년대에는 입자물리학이 마치 우표 수집처럼 될 조짐을 보일 정도로 새로운 종류의 많은 입자가 발견되었다(친근한 전자와 중성자와 양성자를 보충하는 것이었다.). 그러나 패턴은 뚜렷하게 구별되었다. 주기율표의 원자들이 '주기'와 '족'으로 구분되는 것처럼 소립자들은 '족'으로 분류할 수 있다. 1964년에 미국의 두 이론가인 머리 겔만(Murray Gall-Mann)과 조지 츠위그(George Zweig)는 '쿼크 모형'을 소개했다. 쿼크는 전자의 1/3이나 2/3의 전하를 갖고 있다. 막 작동하기 시작한 스탠포드 선형 가속기를 이용해 전자를 양성자에 충돌시키는, 제롬 프리드먼(Jerome Friedman)과 헨리 켄들(Henry Kendall), 리처드 테일러(Richard Taylor)의 실험이 이 이론을 뒷받침했다. 그들은 전자들이 흩어지는 양상을 분석해 양성자 하나가 총 전하의 2/3, 2/3, -1/3을 갖는 3개의 '점전하'로 이루어져 있다는 사실을 발견했다. 그러나 '쿼크 모형'의 직관에 반하는 한 가지 양상은 양성자 안에서는 쿼크들이 자유롭게 행동하는 것처럼 보여도 결코 쿼크만 따로 떼어낼 수 없다는 점이었다(분수로 된 전하량을 가진 입자를 탐지하려는 모든 시도는 실패했다.). 1970년대 말, '입자 동물원'의 대부분이 아홉 가지 유형의 쿼크로 설명되었다.

1970년대에 나온 이른바 '표준 모형'은 미시 세계에 인상적인 질서를 만들어 냈다. 전자기력과 약력은 통일되었다. 그리고 핵력은 '글루온'이라는 또 다른 종류의 입자로 결합되어 있는 쿼크로 해석되었다. 그러나 아무도 이것을 최종 결론으로 여기지 않았다. 기본 입자의 수는 여전히 당황스러울 정도로 많으며 방정식들은 여전히 실험으로 결정해야 하고 이론만으로는 끌어낼 수 없는 수들을 포함하고 있다. 특히 글루온의 해석은 $\varepsilon = 0.007$으로 표현된 핵력의 세기를 규명하지 못한다.

전자기력과 약력을 통일한 다음의 과제는 핵력을 통합해서 미시 물리 세계를 지배하는 모든 힘들을 설명하는 이른바 '대통일 이론(grand unified theory, GUT)'을 얻는 것이다(하지만 이 이론들은 여전히 중력을 포함할 정도로 완전하지 않으며, 훨씬 더 큰 문제들을 포함하고 있다.). 그러나 당황스럽게도 대통일이 10^{28}도라는 온도에서 일어나는 것으로 생각된다는 데 문제가 있다. 이 온도는 현재 실험실에서 만들어 낼 수 있는 온도보다 100만 배의 100만 배나 더 높다. 이러한 에너지를 얻기 위해서는 태양계보다 훨씬 더 큰 가속기가 필요하다. 그러므로 지구에서는 이 이론들을 실험하기가 어렵다.

우리가 살고 있는 저에너지 세계에서는 그 이론들의 뚜렷한 결과가 나타나지 않는다. 예를 들어 모든 별과 행성의 주요 성분인 양성자는 아주 천천히 붕괴한다. 먼 미래에는 중요해질 수 있지만 지금은 하찮은 효과다. 그러나 처음 10^{-35}초 동안은 모든 것이 10^{28}도보다 더 뜨거웠을 것이다. 어쩌면 힘을 통일하는 데 필요한 온도가 실현될 수 있는 장소는 오직 초기 우주뿐이었는지도 모른다. 이 '실험'은 100억 년 이상 전에 중단되었다. 그렇다면 우주의 헬륨 대부분이 처음 몇 분을 견디고 살아남은 것처럼 그 실험이 과연 화석을 남겼을까? 그런 것처럼 보인다. 사실 반물질에 대한 물질의 편애(6장에서 논의했다.)가 초기 우주에 각인되었을지 모른다. 훨씬 더 중요하게는, 우주의 광대한 규모와 그것이 팽창하고 있다는 사실은 저 짧은 초기의 순간에 일어난 일에 의해 결정되었는지도 모른다.

'급팽창'이라는 개념

우리 우주에 대한 두 가지 기본 물음이 있다. '우주는 왜 팽창할까?'와 '우주는 왜 그렇게 클까?'가 그것이다. 우리는 팽창하는 동안 일어난 일을 추적할 수 있고, 처음 몇 초까지 추정할 수 있다(그리고 이것을 헬륨과 중수소의 양으로 확인할 수 있다.). 그러나 이른바 대폭발 이론은 애당초 대폭발 이후 일어난 일을 기술하는 이론이다

(그것도 아주 성공적으로 말이다.). 대폭발 이론은 무엇이 팽창을 시작했는지에 대해서는 아무런 언급도 하지 않는다. 또 다른 수수께끼는 이것이다. '왜 우리 우주는 우주론을 다루기 쉽게 만들어 주는 동시에 은하와 은하단과 초은하단이 형성될 수 있게 해 주는 총체적인 균일성을 갖는 걸까?' 그리고 도대체 '무엇이 물리 법칙들을 새겨 놓았을까?'

기본적인 한 가지 미스터리(6장에서 논의한 적이 있다.)는 우리 우주가 왜 100억 년이 지난 뒤에도, 여전히 1과 크게 다르지 않은 Ω를 가지고 팽창하고 있는가 하는 것이다. 우리 우주는 오래전에 붕괴하지도 않았고 운동 에너지가 중력 효과를 10의 몇 제곱이나 압도할 정도로 빠르게 팽창하고 있지도 않다. 이렇게 되려면 Ω의 값이 초기 우주에서 1에 굉장히 가깝게 조율되었어야 한다. 무엇이 모든 것을 이렇게 특별한 방식으로 팽창하게 했을까? 반대 방향에서 먼 지역들을 관측하면 왜 그렇게 비슷하게 보이는 걸까? 마이크로파 잔광의 온도는 왜 하늘 전체에서 거의 똑같을까?

이러한 수수께끼들은 만약 현재 우리 우주의 모든 부분이 동시에 만들어졌고 아주 초기부터 쭉 조화롭게 움직였으며 그 다음에 가속되어 뿔뿔이 흩어졌다고 하면 해결된다. 바로 이것이 '급팽창 우주' 이론의 중요한 가정이다. 당시 미국의 젊은 물리학자였던 앨런 거스(Alan Guth)가 1981년에 이 아이디어를 제안했다. 이 분야에서는 이미 소련의 알렉스 스타로빈스키(Alex Starobinski)와 안드레이 린데(Andrei Linde), 일본의 사토 가쓰히코(左藤勝彦) 같은 몇몇 선구자들이 이론을 내놓았지만, 거스는 급팽창 이론이 가진 중대한 통찰을 납득시키는 명확한 주장을 했다. 그의 책 『급팽창 우주(The Inflationary Universe)』●는 그가 이 개념을 이해하기 시작했던 '유레카 순간'과, 그 이론이 학계의 격렬한 논쟁으로 한층 더 발전하게 된 경위를 자세히 설명한다(거스는 또한 초만원인 전문직에서 특정 분야의 일자리를 찾는 젊은 연구자의 시각을 바탕으로 미국 학계에 대한 솔직한 사회학적 통찰을 제공한다.).

'급팽창 우주' 이론에 따르면, 우리 우주가 그렇게 크고, 중력과 팽창이 그렇게 잘 균형을 이루고 있는 까닭은, 관측 가능한 우리 우주 전체가 문자 그대로 극히 미세한 크기였던 아주 초기에 일어난 어떤 놀라운 일 때문이다. 그 후 밀도가 어마어마하게 높은 상태에서 다소 (엄청나게) 강한 λ 같은 '우주의 척력'이 작용하기 시

● 『급팽창 우주(The Inflationary Universe)』는 1997년에 출간되었다.

작해 보통 중력을 압도했다. 팽창이 '급속도로 일어나서' 끝없이 가속되었고, 따라서 태아 우주가 팽창하고 균질화되고 중력과 운동에너지가 '정교하게 조율된' 균형을 이룰 수 있게 되었을 것이다.

이 모든 것이 대폭발의 약 10^{-35}초 안에 일어났던 것으로 추측된다! 그 시간대에 형성되었던 조건들은 결코 실험해 볼 수 없다. 따라서 세부적인 사항은 추론할 수밖에 없다. 그럼에도 불구하고 우리는 다른 물리학 이론들과 나중의 우주에 대해서 알고 있는 사실과 부합하는 추측들을 할 수 있다.

'급팽창' 이론의 배경 아이디어는 전체 우주가 어떻게 아주 작은 '씨앗'으로부터 진화할 수 있었는지를 보여 주는 것 같기 때문에 흥미롭다. 이런 일이 일어났던 것처럼 생각되는 까닭은 팽창이 지수함수적으로 증가하기 때문이다. 즉 팽창은 2배가 되고, 또 2배가 되고, 다시 2배가 된다. …… 수학 공식들(아주 길고 복잡하지 않는 한)은 일반적으로 거대한 수를 산출하지 않는다. '적당한' 수가 거대한 수가 되는 유일하고 자연스러운 방법은 그 수가 '멱지수'로 되어 있어서 크기가 몇 번이나 2배로 되었는지 말해 주는 경우다. 공은 반지름이 2배가 될 때마다 부피가 8배로 증가한다(통상적인 유클리드 공간에서). 우리가 관측할 수 있는 우주 안에 있는 원자의 총

수인 10^{78} 같은 거대한 수에 도달하기 위해서는 이렇게 2배가 되는 과정을 100번만 거치면 된다.

우리 우주의 '급팽창' 시기 동안 바로 이러한 일이 일어났다는 말이다. 급팽창을 몰아갔던 맹렬한 척력이 약해지고 우리가 현재 보는 모든 것을 포함할 정도로 커진 우주를 더 느긋하게 팽창시켰을 게 틀림없다. 이런 변화가 원래의 '진공'에 잠재해 있는 엄청난 에너지를 보통 에너지로 바꾸어 불덩어리의 열을 만들고 우리의 현재 우주를 있게 한 더 친근한 팽창을 일으켰다.

급팽창 개념은 20년 전에 처음으로 제안된 후 거센 논쟁을 불러일으켰다. 이 개념은 우리가 직접 연구할 수 없는 조건에서 압력과 밀도 등이 어떻게 행동하는지에 대한 다양한 가정을 기초로 한 이론이었다. 그러나 더 나은 이론이 나오지 않는 한 이 일반적 개념은 확실히 그 매력을 유지할 것이다. 지금으로서는 우리 우주가 왜 그렇게 크고 균질한지에 대한 신뢰할 수 있는 설명을 제공하는 이론은 급팽창 이론뿐이다. 급팽창은 우주가 왜 최고 100억 광년의 규모까지 미세 조정된 것처럼 보이는 속도로 팽창하고 있는지 말해 준다.

급팽창 이론을 검증할 수 있을까?

주름진 표면을 엄청난 힘으로 잡아 늘이면 곡면이 평평한 상태와 구분이 가지 않을 정도로 퍼진다. 우주론에서 '평평하다.'는 말은 (음의) 중력 에너지와 (양의) 팽창 에너지가 정확히 균형을 이루고 있다는 뜻이다. 이것이 급팽창의 가장 확고한 예측이다. 그 예측이 실현될까? 평평한 우주의 가장 간단한 형태는 Ω가 정확히 1인 우주다. 원자와 암흑 물질이 임계 밀도의 0.3만큼만 기여한다는 5장의 증거는 언뜻 보기에 방해가 되는 것처럼 보인다. 따라서 이론가들은 팽창이 가속되고 있다는 주장에 열심히 매달렸다. 팽창이 가속되고 있으면 λ와 관련된 에너지가 추가되기 때문이다. 우리 우주는 사실 '평평한' 것처럼 보인다(하지만 더 주의 깊은 사람들은 배심원이 아직 없으니 명확한 평결이 나올 때까지 몇 년 더 기다려야 한다고 주장한다.). 임계 밀도를 구성하는 물질의 '혼합물'은 4퍼센트의 원자와 25퍼센트 가량의 암흑 물질과 '진공' 자체로 이루어져 있다.

이 '평평함'의 증거는 대체로 고무적이다. 그것은 적어도 그 이상의 기준들, 특히 급팽창 동안 일어난 세부적인 일을 밝혀 줄지도 모르는 '특징들'을 찾을 수 있도록 한다. 아주 초기 우주에 대한 상세한 아이디어들 대부분은 유효 기간이 짧다. 처음 10^{-35}초는 오늘날 가모브와 다른 개척자들이 원소들의 우주론적 기원을 처음으로 탐구했던 대폭발 이후 1초의 물리학만큼이나 불확실하다. 그들의 처음 아이디어는 중요한 면에서 틀렸지만, 수정을 거쳐 10년에서 20년 안에 확고한 발판 위에 놓이게 되었다. 어쩌면 우리는 앞으로 10년 뒤 고에너지 물리학과 우주론의 공생에 대해서 유사한 희망을 갖게 될지도 모른다.

처음 몇 분 동안 헬륨의 형성은 실험으로 재현될 수 있는 일종의 핵반응과 원자 충돌을 수반했다. 반대로 **Q** 같은 우주의 기본 수를 결정하는 급팽창 시기의 과정들은 너무 극단적이어서 심지어 가속기에서조차도 시뮬레이션할 수 없다. 반면에 바로 그 사실이 초기 우주를 연구할 특별한 동기를 준다. 이런 이론들의 독특한 결과들이 실현될 수 있을 정도로 에너지가 높은 곳은 초기 우주뿐이기 때문에 그곳에서는 새로운 통일 이론들이 맞는지 틀리는지를 판가름할 수 있다. 천문학자들은 우주의 현상들을 이해하려고 할 때, 실험실에서 물리학자들이 일구어 낸 발견들을 이용한다. 어쩌면 천문학자들은 이제 근본적으로 새로운 물리학을 발견해서 실험 물리학자들에게 보답해야 할지도 모른다. 이미 그런 사례들이 있다. 예를 들어 중성자별은 고밀도 물질과 강한 중력에 대한 지식을 확장해 주었다. 그러나 가장 극단적인 사건은 대폭발 자체다. 1950년대에 우주론은 물리학의 비주류였다. 우주론에 관심을 기울인 사람은 가모브 같은 몇 명의 '기인'들뿐이었다. 그런데 이제는 반대로 우주론 문제들이 주류 이론 물리학자들의 흥미를 끈다. 그리고 그 사실은 확실히 고무적이다.

우리 우주가 골프공보다도 작았을 때 각인된 극히 미세한 '진동'은 이제 우주를 가로질러 은하와 은하단으로 발전한 파동이 될 정도로 많이 팽창했다. 이론가들은 여전히 급팽창 모형이 이들 파동의 크기를 특징짓는 $\mathbf{Q}=10^{-5}$를 '자연적으로' 설명할 수 있는지 입증하지 못했다. 그러나 이것은 여전히 '실험하기 힘든' 어떤 물리학에 의존한다. 그러나 급팽창의 특정한 변형들이 뚜렷한 예측을 하기 때문에 우리는 세부적인 면들에 대해서 무언가를 배울 수 있다(그리고 일부 선택들을 배제시킬 수 있다.). 마이크로파 이방성 탐사선과 플랑크/서베이어 우주 탐사선의 관측, 은하들이 어떻게 군집을 이루는가에 대한 조사는 급팽창 시기에 대한 단서를 제공하며 '보통' 에너지 수준에서의 실험으로는 직접 추론할 수 없는 '대통일' 이론에 대한 깨달음을 준다.

급팽창은 은하와 은하단으로 발전하는 파동과 함께, '중력파(광속으로 우주를 종횡으로 움직이는 공간 자체의 진동들)'를 발생시키는 것으로 생각된다. 중력파를 만난 물체는 이쪽저쪽으로 끌어당겨지는 중력을 느낀다. 결과적으로 물체는 약간 '흔들린다.' 이 효과는 미세하며 탐지하는 것조차 만만치 않은 기술적 과제다. 유럽 우주 기구의 LISA(Laser Interferometric Space Array, 레이저 간섭 우주 배열)는 태양 주위의 궤도에 수백만 킬로미터 간격으로 탐사선들을 배치하는 계획이다. 탐사선들 사이의 거리는 레이저 빔으로 100만 분의 1미터까지 정확하게 모니터될 것이다.

LISA의 감도도 이런 원시 진동을 '느끼기'에 역부족인 것으로 드러날지도 모른다. 그러므로 그 설계자들에게는 그나마 다른 신호들을 탐지하는 것이 더 쉬워질 거라는 사실이 큰 위안이 된다. 예를 들어 중력파를 탐지할 수 있을지도 모른다. 중력파는 두 블랙홀이 충돌하고 합체할 때마다 급격히 증가할 것이다. 은하들 대부분은 중심에 별보다 수백만 배나 무거운 블랙홀을 품고 있다. 한 쌍의 은하는 종종 충돌하고 병합한다(우리는 그러한 사건들이 진행되는 광경을 볼 수 있다.). 이런 일이 일어날 때마다 관련된 두 은하의 중심에 있는 블랙홀들이 함께 나선형을 그리며 충돌한다. 그때 대규모 중력파가 발생할 것이다.

그러므로 우리는 급팽창 시기를 경험적으로 탐사할 수도 있다고 기대할 수 있다. 비록 적당한 물리학은 알지 못해도, 이론의 특정 가정들의 정량적인 결과들은 계산할 수 있다(Q 값, 중력파 등). 그리고 그 결과들을 관측과 비교할 수 있고 최소한 가능한 한계가 무엇인지 유추해 볼 수 있다.

다른 잔재들

아주 초기의 '화석'들은 모두 거시 세계와 미시 세계 사이의 잃어버린 고리로서 중요하다. (거스가 자신의 이론을 발전시키고 있을 때 그의 마음을 불안하게 했던) 한 가지 흥미로운 가능성은 자기 단극이 초기 우주에서 살아남았을지도 모른다는 사실이다. 패러데이와 맥스웰은 전기와 자기의 긴밀한 관계를 입증했지만 이 두 힘 사이에는 (그들도 잘 알고 있었던 것처럼) 중요한 차이가 하나 있다. 즉 전기력에서 양전하와 음전하는 독립적으로 존재하지만 자기력에서 '북' 자기극과 '남' 자기극은 독립적으로 존재하지 않는다. 자석은 단극(單極)이 아니라 양극(兩極)이다. 양극을 자르면 더 작은 양극이 생기지 결코 단극 2개가 생기지는 않는다. 많은 정교한 탐색에도 불구하고 어느 누구도 단극을 '발견'하지 못했다.

현대 이론들은 단극이 존재할 수는 있지만 아마 굉장히 무거울 거라고 암시한다(양성자보다 10억 배의 100만 배 더 무겁다.). 굉장히 무겁기 때문에 그것들을 만들기 위해서는 엄청난 에너지(아주 초기 우주에는 있었지만 그 후에는 존재하지 않은 에너지)가 필요할 것이다. 우리 우주에는 단극이 거의 없다. 성간 공간에는 자기장들이 널리 퍼져 있으며, 만약 단극 집단이 있다면 방해를 받을 것이다. 초기 우주에서는 단극이 만들어질 수밖에 없었을 것처럼 보이기 때문에 거스는 이것이 없다는 사실에 당황했다. 거스는 이 단극을 모두 모으면 질량이 암흑 물질의 수백만 배에 달할 거라고 추측했다. 급팽창(만약 단극들이 형성된 이후 일어났다면)의 중요한 덤 하나는 급팽창이 추정되는 단극들의 밀도를 줄여 오늘날 단극들의 외견상 부재를 설명해 준다는 사실이다.

단극은 공간에 있는 일종의 '매듭'이며, 전문 용어로는 '위상적 결함'이다. 훨씬 더 흥미로운 것은 점이 아니라 선의 형태(원자보다 훨씬 더 가느다란 관으로 묶인 공간)로 된 결함이라는 것이다. 이것은 거의 광속에 가까운 속도로 고무줄처럼 격렬하게 움직이는 닫힌

고리를 만들거나 우주에 쭉 뻗어 있을 것이다. 일부 우주론자들은 공간의 이런 결함이 우주 구조의 씨앗일 수 있다고, 즉 그것이 Q에 기여한다고 생각해 왔다. 이런 생각은 1990년대 초에 관심을 끌었지만 그 후에 만들어진 은하 군집의 세부 묘사와 모순되는 것으로 드러났다. 그러나 이러한 고리는 여전히 존재할 수 있으며, 온 힘을 기울여야 찾을 수 있을 정도로 기이한 성질을 갖고 있다(원자보다 더 가늘지만 1킬로미터가 지구만큼 무겁다.).

미니 블랙홀도 또 한 가지 흥미로운 가능성이다. 산만 한 무게를 가진 원자 1개 크기의 블랙홀이 있을지도 모른다. 3장에서 보았던 것처럼 이것은 N이 굉장히 크기 때문에 생기는 결과다. 즉 중력은 원자 N개의 질량을 원자 1개의 부피 안으로 밀어 넣지 않는 한 다른 힘(전자기력, 강력, 약력)들을 압도할 수 없을 정도로 미약하다. 상상컨대 아주 초기의 우주는 그것을 만드는 데 필요한 압력을 발생시켰다. 비록 현재의 어떤 과정도 이런 정도의 강한 압력을 제공할 수 없지만, 미래의 고도 문명은 그렇게 할 수 있을 것이다. 블랙홀 안에서 새로운 우주가 생겨서 우리 우주와 단절된 새로운(아마도 무한한) 시공으로 팽창할지도 모른다는 다른 추측과 결합하면 그것은 특히 매혹적인 전망이 된다.

'무(無)'에서 '유(有)'가 생겼다고?

지름이 100억 광년인(그리고 우리의 지평선 훨씬 더 너머까지 뻗어 있는) 우주 전체가 무한소의 점으로부터 생길 수 있는 것처럼 보일지도 모른다. 이것을 가능하게 하는 것은, 급팽창이 어떻게 발생했든 우주의 순에너지가 여전히 0일 수 있다는 사실이다. 아인슈타인의 유명한 방정식에 따라 모든 것은 mc^2의 정지 질량 에너지를 갖는다. 그러나 모든 것은 또한 중력 때문에 음의 에너지도 갖고 있다. 지구의 중력을 벗어나기 위해서는 에너지(초속 11.2킬로미터의 속도에 도달할 수 있는 로켓 연료의 연소)가 필요하다. 따라서 지구 표면에서는 우주에 있는 우주 비행사에 비해 에너지 손실이 있다. 그러나 우주에 있는 모든 것이 합산되는데서 생기는 손실(전문 용어로 '중력 잠재 에너지')은 $-mc^2$에 상당할 수 있다. 다시 말해서 우주는 그 안의 모든 것이 정확히 정지 질량 에너지를 보상하는 음의 중력 에너지를 가질 정도로 깊은 '중력 웅덩이'를 만든다. 따라서 우리 우주를 팽창시키는 데 드는 에너지 비용은 0일 수 있다.

우주론자들은 때로 우주가 '무'에서 생길 수 있다고 주장한다. 그러나 그들은 특히 철학자들에게 연설할 때에는 말을 조심해야 한다. 우리는 아인슈타인 이후 텅 빈 공간이 휘고 뒤틀리는 구조를 가질 수 있다는 사실을 깨달았다. 설사 한 '점'으로 오그라들어도 그 안에는 입자와 힘이 숨어 있다. 이것은 철학자의 '무'보다 훨씬 더 풍부한 구성물이다. 이론가들은 언젠가는 물리학적 현실을 지배하는 기본 방정식들을 만들 수 있을 것이다. 그러나 물리학은 왜 이 방정식들이 성립해야 하는지 설명하지 못하며 그 방정식들을 실제 우주에서 제대로 적용하지도 못한다. '왜 무가 아니고 무언가가 있는가?'라는 기본적인 물음은 여전히 철학자들의 영역이다. 그리고 그들조차도 루트비히 비트겐슈타인처럼, "말할 수 없는 것에 대해서는 침묵해야 한다."라고 대답하는 게 더 현명할지도 모른다.

우리의 지평선을 넘어 다우주로

7장에서 기술한 장기 예측들은 사실 우리가 시험할 수 없는 가정, 즉 우리의 현재 지평선 너머에 있는 우주의 일부가 우리가 보는 것과 닮았다는 가정에 기초하고 있었다. 당신이 만약 바다 한가운데에 있다면, 육지가 수평선 바로 밑에 있다고 생각하지는 않을 것이다. 그러나 바다가 끝없이 펼쳐져 있는 게 아니며 결국 육지와 접하게 되리라는 것은 알고 있다. 마찬가지로 우리는 우리 우주가 무한히 균질하게 뻗어 있다고 오해하고 있는지도 모른다. 우리가 살고 있는 우주는 낮은 밀도의 거품과 같으며 그 크기가 너무 커서 거품의 껍질은 우리가 볼 수 없는 지평선 너머에 있지만, 거품 껍질의 바깥쪽에는 사실 훨씬 더 큰 영역이 존재하며 이것이 먼 훗날 안쪽으로 무너져 들어올지도 모른다. 만약 그렇다면 자신들의 지평선 안에 밀도가 더 높은 물질이 나타난 것을 본 우리의 먼 후손들은 영원한 팽창이라는 '예측'을 정정할 것이다. 우리 지평선 바로 너머에서만 격렬한 변화가 일어나는 일은 없을 것 같다. 반면에 우리에게는 무한대까지 추정할 근거도 없다.

급팽창이 내포하는 가장 중요한 의미는 우주에 대한 우리의 시각을 호기롭게 그리고 철저하게 확대한다는 사실이다. 우리가 보는 우주를 설명하기 위해서는, 우리 망원경의 사정거리 안에 있는 10^{78}개의 원자를 설명할 충분한 급팽창이 있었어야 한다. 그러나 이것은 그저 최저 한도일 뿐이다. 일단 급팽창이 시작되면 멈추는 데 오랜 시간이 걸릴지도 모른다(이론가들은 이것을 급팽창으로부터의 '영광의 탈출' 문제라고 말한다.). 사실 대부분의 변형 이론들은 '배

(doublings)'가 되는 수가 관측 가능한 우리 우주를 설명하는 데 필요한 것보다 훨씬 더 커야 함을 암시한다. 1장에서 우리는 이전보다 10배씩 먼 거리에서 찍은 우리 우주의 연속 사진을 상상했다. 25개의 사진은 인간의 일상 규모에서 시작해서 우리의 현재 시야의 한계까지를 보여 준다. 이 한계는 본질적으로 최초의 은하가 형성된 이후 빛이 100억 년 동안 얼마나 멀리 여행할 수 있는지로 결정된다. 그러나 급팽창 이론가들은 우주를 훨씬 더 크게 상상하므로 10배씩 뛰어서 어떤 '경계'에 도달하려면 수백만 장의 사진이 필요하다. 이렇게 엄청나게 넓은 공간은 (적어도 나는) 이해하기가 어렵다. 미시 세계에서 우리 지평선 규모로의 도약은 우리 우주의 실제 한계 너머로의 도약에 비하면 아무것도 아니다. 우리의 공간과 시간 영역은 무한은 아니라고 해도 우리가 볼 수 있는 영역 훨씬 너머까지 뻗어 있다. 빛이 '경계'에서 우리에게 도달하기까지의 시간은 그러면 그저 10개 이내의 0으로는 쓸 수 없으며, 심지어 100개로도 모자라고 수백만 개가 있어야 한다.

그러나 이것이 전부가 아니다. 100만 개의 수가 있어야 그 범위를 표현할 수 있는 이렇게 거대한 우주조차도 '존재하는 모든 것'이 아닐지도 모른다. 그것은 급팽창이라는 한 사건의 결과다.

그러나 저 대폭발은 그저 무한한 전체의 한 사건에 지나지 않을지도 모른다. 사실 이것은 특히 러시아의 우주론자 안드레이 린데가 신봉한 '영구 팽창'의 당연한 결과다. 극단적인 밀도에서의 물리학에 대한 특정한(하지만 여전히 순전히 이론적이기만 한) 가정들을 필요로 하는 이 시나리오에 따르면, 우주는 무한한 과거를 가졌을지도 모른다. 급팽창이 끝나지 않은 지역들은 항상 다른 대폭발의 씨앗을 제공할 정도로 빨리 자라난다. 이런 공론들에 관한 다른 변형들이 있는데, 여기서는 급팽창 사건이 블랙홀 내부에서 시작되어 우리 우주와 단절된 공간과 시간을 갖는 새로운 영역들을 만든다.

이 시점에서 '우주(universe)'의 정의에 대한 의미론적 주의를 덧붙여야겠다. '우주'의 적절한 정의는 물론 '존재하는 모든 것'이다. 나는 이 장에서 전통적으로 '우주'라고 불리는 실재(천문학자들이 연구하는 것, 즉 대폭발의 결과물)가 자체 대폭발에서 시작한 전체의 부분에 불과한지도 모른다고 주장했다. 따라서 '우주'라는 용어는 '우주들' 전체(11장 참조)를 표현하는 '다우주(multiverse)'라는 새로운 단어에게 '존재하는 모든 것'을 뜻하는 영광스러운 자리를 내줘야 할지도 모른다. 그러나 아직은 그것이 전통적으로 의미해 온 내용으로 남겨 두는 게 혼란을 덜어 줄 것 같다.

10
D: 3차원, 그리고 그 이상

지구의 궤도는 모든 것을 측정하는 기준이 된다. 이 궤도를 에워싸는 십이면체가 있으며, 여기에 외접하는 원이 화성의 궤도가 된다. 화성의 궤도를 에워싸는 사면체가 있고 여기에 외접하는 원이 목성의 궤도다. 목성의 궤도를 에워싸는 육면체가 있고 그 주위에 십이면체를 외접시키면 토성의 궤도가 된다. 이제 지구의 궤도 안에 이십면체를 내접시키고, 그 안에 내접원을 그리면 금성의 궤도가 된다. 금성의 궤도 안에 팔면체를 내접시키고, 그 안에 내접원을 그리면 수성의 궤도가 된다. 당신은 이제 행성의 수에는 이유가 있다는 사실을 깨닫게 될 것이다.

—요하네스 케플러

공간은 왜 3차원일까?

우주 공간은 3개의 차원을 갖고 있다. 점(0차원), 선(1차원), 면(2차원)과 입체(3차원)가 그것이다. 수학적으로 더 많은 차원을 갖고 있는 공간을 상상할 수 있다고 해도 현실에서는 3차원이 전부다. 3이라는 수가 왜 특별할까? 고대부터 기하학자들은 다른 차원들의 흥미로운 특징을 언급해 왔다. 예를 들어 2차원에서 우리는 변의 길이가 같은 정다각형을 무한정 그릴 수 있다(정삼각형, 정사각형, 정오각형, 정육각형 등). 그러나 3차원에서는 모든 면과 모든 각이 같은 이상적인 '정다면체'가 5개밖에 없다. 4차원에서는 그런 물체가 6개 있고, 모든 더 높은 차원에서는 단 3개뿐이다.

3차원 세계의 한 결과는 중력과 전기력 같은 힘이 역제곱 법칙을 따른다는 것이다. 즉 어떤 질량이나 전하에서 나온 힘은 거리가 2배 멀어지면 4배 더 약해진다. 마이클 패러데이는 선구적인 전기 연구에서 이것을 이해하는 생생하고 시각적인(그리고 본질적으로 옳은) 방법을 찾아냈다. 그는 전하나 질량에서 나오는 '힘의 선', 즉 역선(力線)을 상상했다. 여기서 힘의 세기는 선들이 얼마나 많이 집중되어 있는가에 달려 있다. 거리 r에서 힘의 선들은 r^2에 비례하는 어떤 면적에 퍼진다. 더 먼 거리에서는 제한된 힘의 선들이 더 넓은 면적에 퍼지기 때문에 결과적으로 힘이 약해진다. 그 세기는 r^2에 반비례한다. 그러나 공간이 4차원인 세계에서는 '구'의 면적이 r^3에 비례한다. 즉 r의 값이 2배가 되면 면적이 4배가 아니라 8배가 된다는 말이다. 그렇다면 패러데이의 방법에 따라 전기력을 설명하면 전기력은 역세제곱 법칙을 따라야 한다.

뉴턴이 깨달은 것처럼, 행성의 궤도는 행성을 안쪽으로 끌어당기려는 중력과 행성 운동의 원심력 사이의 균형으로 통제된다. 우리 태양계의 궤도들은 행성 속도의 작은 변화가 궤도를 약간만 움직인다는 점에서 안정하다. 그러나 중력이 만약 역제곱 법칙이 아니라 역세제곱(혹은 더 극단적인) 법칙을 따른다면 이런 안정성은 사라진다. 속도가 아주 조금만 늦춰지더라도 행성은 약간 더 작은 궤도로 이동하는 게 아니라 태양으로 훨씬 더 빨리 돌진한다. 왜냐하면 역세제곱 법칙에 따르면 힘이 중심 쪽으로 가면서 너무나 가파르게 강해지기 때문이다. 거꾸로 궤도 운동 속도가 약간 빨라진 행성은 나선 궤도를 그리며 바깥으로 날아가 금방 어둠 속으로 사라진다.

18세기 영국의 신학자 윌리엄 페일리(William Paley)는 시계의 정밀한 구조가 시계공의 존재를 암시하듯이 우리 우주의 명백한 설계는 설계자의 존재를 암시한다고 주장한 인물로 유명하다. 케임브리지에서 역제곱 법칙의 난해한 특징을 올바르게 인식할 수 있는 수학 교육을 받았던 페일리는 그것을 이용해 온화한 창조자의 존재를 주장했다. 그가 제시한 다른 '설계 증거들' 대부분은 생물학에서 나온 것이었다(그가 제시한 증거들은 다윈주의 이후에는 심지어 신학자들조차도 도외시하게 되었다.). 눈과 손의 인상적인 적응은 자연선택과, 살아 있는 유기체와 환경이 함께 이루어 낸 합작품이다. 역제곱 법칙이 신의 은혜로운 선물이라는 페일리의 주장은 이제 그저 난폭한 주장들 가운데 하나처럼 보인다. 페일리의 시대는 양전하를 띠는 핵 주변을 전자가 궤도 운동함으로써 원자를 형성한다는 사실이 알려지기 100년도 더 전이었다. 페일리가 만약 이 사실을 알았다면, 유사한 이유로 역세제곱 법칙이 지배하는 우주에서는 전자의 안정된 궤도는 가능하지 않으며 따라서 원자의 존재도 불가능하다는 논리로 신이 세상을 창조했다는 자신의 주장을 뒷받침했을 것이다.

아무튼 공간은 3차원보다 높은 공간 차원을 가질 수 없다. 그러면 우리가 3보다 적은 차원이 있는 세계에서 살 수 있을까? 이 문제는 간단하게 해결할 수 있다. 즉 '평지'에는(혹은 2차원 면에서는)

어느 한계 이상으로 복잡한 구조가 생길 수 없다. 전선을 교차시키지 않고 복잡한 망을 만들 수 없다. 또 물체를 둘로 나누지 않고는 터널(예를 들어 소화관)을 만들 수 없다. 그리고 1차원 '선의 나라'에서는 그 범위가 훨씬 더 제한된다.

이것들은 단지 우리가 3차원 공간에 살게 되었다는 사실에 왜 놀라지 말아야 하는가에 대한 가장 명백한 이유에 지나지 않는다. 수학자들은 다른 이유들을 발견해 왔다.

시간과 시간의 화살

시간은 우리가 경험하는 네 번째 차원이다. 어떤 사건의 위치를 정하기 위해서는 4개의 수가 필요하다. 그 사건이 어디서 일어났는지를 기술할 3개의 공간 좌표와 언제 일어났는지를 말해 줄 네 번째 시간 좌표가 그것이다. 익명의 한 낙서가가 쓴 것처럼 '시간은 일어나는 일들을 즉시 멈추게 하는 자연의 방법이다.' 사건은 말하자면 시계가 똑딱거릴 때마다 이정표가 세워지는 경로를 따라 한 줄로 늘어서 있다. 그러나 시간은 한쪽으로(앞쪽으로)만 끌려간다는 점에서 다른 세 차원과 다르다. 다른 세 차원에서, 우리는 어느 방향으로나(동쪽이나 서쪽, 북쪽이나 남쪽, 위쪽이나 아래쪽) 움직일 수 있다. 우리 우주는 따라서 (3+1)차원으로 가장 잘 묘사된다. 아인슈타인은 공간과 시간이 연결되어 있으며, 시간이 경과하는 속도는 '탄성적'이라고 생각했다. 따라서 시계가 어떻게 움직이고 있는가, 그리고 그 시계가 큰 질량에 가까이 있는가에 따라 시간이 달라진다고 말했다. 그러나 아인슈타인의 아이디어들은 시간과 공간(저 우주 밖에 있는 것과 과거나 미래에 놓여 있는 것)의 차이를 계속 유지한다.

'시간의 화살'은 뚜렷하게 과거에서 미래 쪽을 가리킨다. 일상 사건들을 찍은 영화는 거꾸로 돌리면 괴상하게 달라 보인다. 원인과 결과가 역전된다. 깨진 유리 조각들과 액체 방울들이 의도적으로 돌진해 한 잔의 와인이 되는 것처럼 보인다. 주전자로 모인 증기가 응결해서 물이 된다. 마틴 에이미스(Martin Amis)의 아이러니컬한 시간 역전 소설 『시간의 화살(*Time's Arrow*)』●에서 뉴욕 택시들은 "당신에게 미리 돈을 지불하고 아무 질문도 하지 않는다.······우리가 거기에 몇 시간이고 끝까지 서서 손을 흔들어 작

● 『시간의 화살(*Time's Arrow*)』은 1991년에 출간되었다.

별 인사를 하거나 경의를 표하는 건(이런 훌륭한 서비스에 경의를 표하는 건) 당연하다."

과거와 미래 사이의 비대칭은 우리 경험 속에 너무나 깊이 스며 있어서 일부 철학적 물리학자들을 제외하고는 그것이 제기하는 난제들을 곰곰이 생각해 본 사람이 거의 없다. 이 문제가 복잡해지는 까닭은 그런 비대칭이 미시 세계를 지배하는 기본 법칙들 안에 삽입되어 있지 않기 때문이다. 기본 법칙들이 과거와 미래에 차이가 없다고 해도 세상의 변화는 돌이킬 수 없다. 당구공 2개가 단 한 번 충돌하는 과정을 보여 주는 영화는 뒤로 돌리든 앞으로 돌리든 거의 똑같아 보이지만, 경기 후에 충돌들의 전체 패턴은 시간의 화살을 명백히 보여 주기 시작한다. 마찬가지로 우리의 세계는 특별한 방식으로 설계된 것처럼 보인다.

우리는 시간 속에 '갇혀' 있다. 그러나 우리는 '시간을 벗어난' 상상의 시각으로부터 더 확실한 통찰력을 얻을 수 있다. 커트 보니것(Kurt Vonnegut)의 『타이탄의 사이렌들(Sirens of Titan)』에 나오는 생물들처럼 사람을 "한쪽 끝에는 아기 다리가 있고 또 반대쪽 끝에는 늙은이의 다리가 있는 거대한 노래기"로 인식하는 그런 상상의 시각 말이다. 상상의 시각을 동원하면 우리 우주는 정적인

4차원 실재(블록 우주)로 보인다. 일상 물체들의 '세계선'은 한쪽(우리가 과거라고 부르는 쪽)보다 다른 쪽(우리가 미래라고 부르는 쪽)에서 더 무질서해진다. 그러나 설명하기 어려운 것은 무엇이든 '질서가 잡혀 있는' 상태다. 만약 긴 끈의 한쪽 끝이 놀라운 패턴으로 짜여 있다면, 우리는 그것이 왼쪽 끝이든 오른쪽 끝이든 똑같이 놀란다. 마찬가지로 미래가 과거와 똑같은 체계 위에 존재하는 것처럼 보이는 '블록 우주'에서는 마지막과 마찬가지로 시작에서 질서를 발견하는 게 당황스럽지 않다.

우주가 팽창한다고 말할 때는 시간의 화살을 전제로 하며, 우리가 '나중'이라고 부르는 시간에 우주가 더 흩어져 있도록 영화의 구조들을(혹은 우리 '블록 우주'의 3차원 조각들을) 정돈할 수 있다.

시간의 비대칭은 어쩌면 우주 팽창과 관련이 있는지도 모른다. 8장에서 우주가 팽창하는 동안 중력이 초기의 밀도 차이를 어떻게 증가시켜서 거의 특징 없이 시작한 불덩어리에서 구조를 만들어 냈는지 설명했다. 초기 단계에서는 이런 비대칭이 어떤 국지적 측정에서도 나타나지 않는다. 왜냐하면 초기 단계에서는 밀도가 너무 높아서 입자의 충돌, 광자의 방출과 흡수 같은 극히 미세한 과정들이 팽창 속도에 비해 아주 빨리 일어나기 때문이다. 모든 것은 매순간 평형 상태에 놓여 있다. 물질은 자신이 이전에 밀도가 더 높았는지 낮았는지 전혀 '기억'하지 못하며 시간의 방향에 대한 어떤 흔적도 간직하지 못한다. 그러나 우주의 밀도가 더 낮아지면, 이러한 반응들은 점차 느려지고 그 후에는 팽창이 중대한 차이를 만든다.

예를 들어 우리 우주가 만약 오랫동안 10억 도의 온도를 유지했다면, 혹은 핵반응들이 더 빨리 일어났다면, 모든 원자는 철로 가공 처리되었을 것이다. 다행히 팽창은 핵반응이 수소의 23퍼센트를 헬륨으로 바꾸는 이상의 일을 하기 전에 핵반응을 저지할 정도로 빨랐다. 이것이 예증하는 것처럼 우주의 팽창은 평형이 깨지는 것을 허용하며 그럼으로써 수축하는 우주에서와는 크게 다른 현상들을 만들어 낸다.

사하로프가 최초로 지적했듯이, 우리의 존재는 훨씬 더 초기 단계에서 반물질보다 물질을 더 많이 만든 돌이킬 수 없는 효과에 의존한다. 그런 일이 일어나지 않았다면 모든 물질은 동일한 양의 반물질과 함께 소멸되어 우주에는 원자가 하나도 존재하지 않았을 것이다. 그러면 별도 없었을 것이고, 복잡한 구조를 만든 화학은 더욱더 없었을 것이다.

시간은 여전히 해결되지 않는 미스터리를 제기한다. 물리학자 줄리언 바버는 전문가들을 대상으로 '시간이 진실로 기본적 개념이라고 믿는가, 아니면 그것을 더 기본적인 개념(예를 들면 구성 원자의 운동으로부터 이끌어 내는 어떤 물체의 온도 같은)으로부터 이끌어 낼 수 있는가?'라는 물음에 대한 답을 구하는 비공식적 여론 조사를 했다. 매우 다양한 반응들이 나왔지만 대다수는 시간이 결국 더 심오한 무언가로 해석될 수 있다는 생각에 찬성했다.

감추어진 차원들?

공간과 시간은 확실히 복잡한 구조를 갖고 있다. 우리는 우주 공간에 많은 블랙홀이 있음을 알고 있다. 우리 은하에 수백만 개가 있으며 다른 은하의 중심부에는 훨씬 더 큰 블랙홀이 있다. 블랙홀 내부에서는 시간과 공간이 얽혀 있다. 그러나 이런 복잡성은 우주론의 관점에서 '국지적'인 지역에 제한되어 있다. 초은하단보다 큰 규모에서 우리 우주가 거의 균질하다는 것은, 우리의 현재 지평선 규모에서는 우주 공간이 평평하고 단순하다는 것을 말해 준다. 또한 우주 배경 복사가 하늘 전체에서 거의 동일한 온도라는 점도 그 사실을 암시한다.

수학적 성향을 지닌 우주론자들은 그럼에도 불구하고 이런 단순성이 착각이 아닐까 하고 의심한다. 어쩌면 우리는 거울의 방이나 만화경('회전'하고 있거나 어떤 종류의 세포 구조를 갖고 있는 공간)에서처럼 동일한 부분을 되풀이해서 보고 있는지도 모른다. 우리가 정말로 이런 이상한 종류의 우주 안에 있다면 우주를 구성하는 세포들 크기는 적어도 우리 지평선 거리의 몇 퍼센트(다시 말해서 지름이 몇 억 광년 이상)가 되어야 한다. 왜냐하면 세포들이 더 작다면 처녀자리 은하단 같은 뚜렷한 구조가 되풀이해서 나타나는 모습을 보게 될 것이기 때문이다. 이 비균질성에는 어떤 반복 패턴도 없으며, 따라서 우리는 이제 우리 지평선보다 훨씬 더 작은 세포를 배제할 수 있다.

유한한 광속으로 고정된 우주의 지평선 저 너머에 대해서는 우리가 관측을 통해 알 수 있는 것이 아무것도 없다. 우주 공간은 100억 광년을 훨씬 뛰어넘는 큰 규모에서 매우 복잡하게 엉켜 있을 수도 있다. 심지어 차원의 수가 변할 수도 있다. 그러나 우리는 망원경으로 볼 수 없는 곳에서 일어나는 일에 대해서는 간접적인 암시 이상은 결코 얻지 못할 것이다.

아주 작은 규모는 어떨까? 여기에서도 우리의 단순한 개념들이 확실한 효력을 발휘하지 못한다. 사실 입자와 힘과 우리 우주의 수를 적절히 이해하기 위해서는 여분의 차원을 수반하는 매우 복잡한 개념과 씨름해야 할지도 모른다.

공간과 시간의 거시 구조: 양자 중력

우리는 지난 1세기 동안 고체, 액체, 기체 같은 보통 물질들이 원자 혹은 분자로 이루어진 불연속적 구조물이라는 생각에 익숙해졌다. 공간과 시간 자체에도 이런 입자성이 있을 수 있을까? 공간은 매끄러운 연속체처럼 보이지만 그것은 그저 우리의 경험이, 그리고 심지어 우리가 하는 대부분의 복잡한 실험들이 너무 '조잡해서' 이런 구조가 분명히 나타나는 아주 작은 규모를 탐사할 수 없기 때문일지도 모른다.

우리는 공간과 시간의 상세한 미시 구조를 모르지만 공간과 시간을 무한히 작은 조각으로 나눌 수 없음은 대략적으로 짐작하고 있다. 작은 규모의 세부 사항은 그 규모보다 훨씬 더 짧은 파장을 가진 복사로만 탐사할 수 있다. 예를 들어 건물은 수미터의 파장을 가진 전파는 가로막을 수 있지만 햇빛을 받으면 뚜렷한 그림자를 던진다. 빛은 100만 분의 1미터 길이의 파장들로 이루어져 있으며, 그것보다 더 작은 것은 보통의 광학 현미경으로 상을 만들 수 없다. 더 선명한 세부 사항을 탐사하려면 훨씬 더 짧은 파장이(혹은 전자 현미경 같은 어떤 다른 기술이) 필요하다. 그러나 양자론에 따르면, 파장이 짧을수록 양자, 즉 에너지 '다발'의 힘은 더 강해진다.

양자의 에너지는 기본적으로 플랑크 상수(1세기 전에 양자화라는 아이디어를 개척한 위대한 물리학자 막스 플랑크의 이름을 딴 수)로 측정된다. 우리는 어느 정도까지는 파장이 훨씬 더 짧은, 즉 에너지를 많이 가진 양자를 이용해 훨씬 미시 세계를 상세하게 탐사할 수 있다. 그러나 한계가 있다. 즉 양자에 에너지가 극단적으로 집중되면 블랙홀로 수축되어 버리는 상황이 생기는 것이다. 이런 일은 양성자보다 10^{19}배 더 작은 '플랑크 길이'에서 일어난다. 그러나 이렇게 작은 파장을 가진 각각의 양자가 양성자 10^{19}개의 정지 질량만큼의 에너지를 실어 나른다. 빛이 이 거리를 가로지르는 데는 10^{-43}초 정도가 걸린다. 이것이 '플랑크 시간'이며 플랑크 시간은 측정할 수 있는 가장 짧은 시간 간격이다. 따라서 공간과 시간조차도 양자 효과의 영향을 받기 쉽다. 그러나 이렇게 미시적인 세계에서는 중력이 굉장히 약하기 때문에 전자기력이 가장 큰 영향을 미친다(이것은 우리의 첫 번째 우주의 수 N이 엄청나게 크기 때문에 생긴 결과다.).

어떤 이론가들은 다른 이론가들보다 더 깊이 생각한다. 그러나 심지어 가장 용감한 사람들조차도 '플랑크 규모'를 궁극의 장벽으로 인정한다. 플랑크 길이보다 더 작은 거리를 측정할 수 없으며, 시간 간격이 플랑크 시간보다 짧을 때 두 사건을 구별할 수 없다(혹은 어느 사건이 먼저 일어났는지 결정할 수 없다.). 이들 규모는 원자가 별보다 작은 만큼이나 원자보다 작다. 이 영역에서는 직접 측정할 수 있는 가망성이 없다. 실험실에서 생산할 수 있는 것보다 1억 배의 100만 배나 더 큰 에너지를 가진 입자들이 필요하기 때문이다.

20세기 과학의 두 거대한 '기둥'은 미시 세계에서 중요한 양자 역학과, 양자 개념을 포함하지 않는 아인슈타인의 중력 이론이다. 그러나 우리에게는 그 둘을 조화시키고 통일시키는 단일한 틀이 없다. 이런 틀이 없다고 해서 과학이나 천문학의 발전이 늦어지지는 않는다. 왜냐하면 대부분의 현상은 그 둘 모두가 아니라 양자 효과나 중력 어느 한쪽과 관련되기 때문이다. 양자 효과가 중요한 원자나 분자의 미시 세계에서 중력은 거대한 수 N 때문에 무시할 수 있을 정도로 약해진다. 거꾸로 양자 불확실성은 중력이 지배하는 행성과 별과 은하의 세계에서는 무시할 수 있다. 그러나 태초에는 양자 진동이 전 우주를 뒤흔들었고, 반대로 중력은 단 1개의 양자 규모에서만 중요했을 것이다. 이런 일은 플랑크 시간인 10^{-43}초 안에 일어났다. 대폭발 이후의 첫 순간을 이해하기 위해서, 혹은 블랙홀 안의 '특이점' 근처의 시간과 공간을 이해하기 위해서 우리는 양자 이론과 중력 이론을 통일시켜야 한다.

일상적인 직관은 광속에 가까운 속도에서, 그리고 블랙홀 근처에서 무너진다. 그리고 그것은 아주 초기 우주의 극단적인 조건에서, 그리고 플랑크 길이에 가까운 미시 규모에서도 무너진다. 이렇게 되면 우리가 소중히 여겨온 공간과 시간에 대한 상식적인 개념을 버려야 한다. 즉 그런 상황에서는 블랙홀이 나타났다 사라질지도 모른다. 또 이런 작은 규모에서 시공간은 명확한 시간의 화살이 없는 거품 같은 혼돈의 구조를 가질지도 모른다. 순간적으로 생긴 양자 요동은 독립적인 우주로 진화하는 새로운 영역을 낳을지도 모른다. 공간은 일종의 격자 구조를 갖거나 사슬 갑옷처럼 매듭지어져 있을지도 모른다. 시간도 공간처럼 되어 있어, 어떤 의미에서는 시간의 시작이 없을지도 모른다.

양자 이론과 중력 이론을 통합한 양자 중력 이론의 유일한 무대는 지평선 안에 싸여 있는 블랙홀 내부 한가운데에 있는 특이점이다. 그런 가까이 가기 어렵고 색다른 영역이 아니고는 명백한 결과가 없는 이론을 조사하기가 어렵다. 더 진지하게 받아들여지려면 많은 다른 측면에서 시험할 수 있는 모든 것을 아우르는 어떤 이론에 편입되거나 독특한 필연성을 갖는 것으로 이해되어야 한다.

몇 가지 접근법들이 수행되고 있지만, 어느 방법이 옳은지에 대해서는 아직 의견이 엇갈린다(스티븐 호킹은 20년 전에 걸었던 유사한 내기에서 진 뒤, 내기를 걸지 말았어야 했다는 사실을 인정하면서도 20년 안에 어떤 통일 이론이 나올 거라고 '또다시' 내기를 건다!). 가장 야심차고 고무적인 접근법은 초끈 이론인 것 같다. 이 이론은 모든 힘의 통일 이론을 뛰어넘어 거의 덤으로 양자 중력 이론을 가져온다.

초끈 이론

초끈 이론은 기본 입자들(쿼크, 글루온 등)을 설명할 뿐만 아니라 미시 세계를 지배하는 전자기력과 강력과 약력을 통합할 수 있다고 주장한다. 중력의 존재는 문제를 더 복잡하게 만든다기보다 그 이론의 필수 요소다. 이 이론의 중요한 아이디어는 우리 우주의 기본적 존재가 점이 아니라 아주 작은 끈 고리이며, 다양한 소립자는 이런 끈의 다양한 변형(다양한 배음)이라는 것이다. 이 끈은 플랑크 길이의 규모를 갖는다. 다시 말해서 우리가 실제로 탐사할 수 있는 것보다 10의 몇 제곱 정도 더 작다. 더욱이 이 끈은 우리의 평범한 (3+1)차원 공간이 아니라 10차원 공간에서 진동하고 있다.

여분의 차원이 있다는 아이디어는 새로운 게 아니다. 지난 1920년대에 시어도어 칼루자(Theodor Kaluza)와 오스카 클라인(Oskar Klein)은 아인슈타인의 시간과 공간 이론을 확장해 전기력을 포함시키려는 시도를 했다. 두 사람은 전기장과 보통 공간에 있는 각 점에 여분의 구조를 덧붙여서, 하전된 입자들의 운동을 상상하려고 했다. 실제로는 2차원 면인 종이가 아주 단단히 돌돌 말려 있으면 꼭 1차원 선처럼 보이는 것처럼, 이 여분의 차원은 아주 작은 규모로 '돌돌 말려' 있어서 우리에게 보이지 않는다는 것이었다. 칼루자-클라인 이론은 난관에 부딪혔지만 여분의 차원 개념은 최근에 극적으로 부활했다. 초끈 이론에서 우리의 보통 공간에 있는 각 '점'은 플랑크 길이의 규모로 돌돌 말려진 6차원의 복잡한 기하학적 구조다.

모든 물리학 이론은 비전문가들이 이해하기 어려운 성질(다행히도 이해하기 어려운 게 중요 아이디어들이 아니다.)을 묘사하는 방정식과 공식을 포함한다. 일반적으로 수학자들이 수학적 도구를 먼저 만들어 놓기 때문에 물리학자들은 그것을 언제든 '이용할' 수 있다. 예를 들면 아인슈타인이 '휘어진 시공간' 이론에서 사용한 기하학 개념은 모두 19세기에 발전한 것이다. 또한 양자 세계를 설명하는 데 사용된 수학 언어도 마찬가지였다. 그러나 초끈은 여전히 수학을 좌절시키는 문제들을 제기한다. 예를 들어 우주가 결국 어떤 다른 수가 아니라 '팽창된' 4개의 차원(시간과 세 개의 공간 차원)을 갖게 된 이유는 무엇일까? 우리 세계의 본질과, 그리고 그것을 지배하는 힘은 여분의 차원이 정확히 어떻게 '말려 있는가'에 달려 있다. 이런 일이 어떻게 일어나는 걸까? 그리고 그런 일이 일어날 수 있는 방법이 많은 걸까?

초끈 이론은 1980년대에 처음으로 열광적으로 받아들여졌고 (이 아이디어가 처음으로 나온 게 그 10년 전이었다.), 그 후 뛰어난 수리물리학자들이 그 이론에 열정을 쏟아 왔다. 그러나 초기의 과도한 열기는 이 이론의 당황스러운 복잡성 때문에 좌절로 이어졌다. 그러나 1995년 이후, 초끈 이론에 새로운 바람이 불었다. 여분의 차원이 단 5개의 뚜렷한 집합(6차원 공간) 안으로 말려 들어갈 수 있다는 사실을 깨닫게 된 것이다. 그러나 훨씬 더 심오한 수학적 수준에서는 이것들이 11차원 공간 속에 끼워진 독립적이지만 관련된 구조들일지도 모른다. 더욱이 끈(1차원 실재) 개념은 2차원 표면을 포함하도록 확장할 수 있다. 10차원 공간에는 더 높은 차원의 면이 있을 수 있다. 다시 말해서 만약 2차원 면을 2막이라고 하면 3막도 있을 수 있고 4막, 5막도 있을 수 있다. 그러나 10차원 끈 이론의 난해한 복잡성과 우리가 관측하거나 측정할 수 있는 어떤 현상들 사이에는 여전히 극복할 수 없는 큰 차이가 있다.

직접적인 경험의 뒷받침 없이도 매우 진지하게 고려되고 있는 더 앞선 이론들이 있는데, 독특한 '우아함'이나 '올바름'(동의를 강요하는 널리 알려진 진실의 고리)을 갖고 있는 것처럼 보이는 경우에는 특히 그렇다. 예를 들면 1920년대의 많은 물리학자들이 아인슈타인의 일반 상대성 이론을 기꺼이 받아들였던 까닭은 그 막강한 개념적 호소력 때문이었다. 그 이론은 이제 정확한 관측으로 확인할 수 있지만 초창기에는 증거가 희박했다. 아인슈타인은 어떤 실험보다도 자기 이론의 간결함에 더 깊은 감명을 받았다. 마찬가지로 현대 수리물리학의 선도자인 미국의 에드워드 위튼(Edward Witten)은 "좋은 나쁜 아이디어는 극히 드물며, 심지어 아주 미미하게라도 초끈 이론의 위엄과 맞먹는 좋은 나쁜 아이디어는 본 적이 없다."라고 말했다.

그럼에도 불구하고 초끈 이론을 낙관적으로 생각하는 데에는 심미적이지 않은 특정한 이유가 있다. 우선 중력을 4차원 시공의 곡률로 해석하는 아인슈타인의 일반 상대성 이론이 불가피하게 초끈 이론 안으로 편입된다는 사실이다. 따라서 오랫동안 찾았던 중력과 양자 원리의 통합이 자연스럽게 이루어진다.

그리고 이미 이 이론은 블랙홀을 더 깊이 이해할 수 있게 해 주었다. 이 이야기는 1970년대 초로 거슬러 올라간다. 프린스턴 대학교에서 연구하고 있던 이스라엘의 물리학자 야코프 베켄슈타인(Jacob Bekenstein)은 블랙홀이 표준화된 천체라는(3장 참조) 발견의 결과를 숙고하고 있었다. 블랙홀이 표준화된 천체라는 말은 블랙홀이 자신이 어떻게 형성되었는지에 대한 모든 기억을 잃어버렸음을 의미한다. 블랙홀이 만들어질 수 있는 방법은 무수히 많아 보였지만 이런 역사의 모든 흔적은 지워진 것 같았다. 베켄슈타인은 이것이 두 기체가 섞일 때 일어나는 '엔트로피 증가'와 같다고 언급했다. 초기 상태는 여러 가지가 있을 수 있지만 최종 상태는 결국 분간할 수 없다. 정보 손실은 엔트로피 증가에 해당하고, 베켄슈타인은 블랙홀이 어쩌면 그것이 형성될 수 있었을 다른 방법의 수의 척도인 엔트로피를 가질지도 모른다고 추측했다. 만약 베켄슈타인이 옳다면 블랙홀은 온도를 가져야 했다. 그의 생각은 블랙홀이 완전히 암흑이 아니라 복사를 방출할 거라는 호킹의 계산으로 훨씬 더 탄탄한 발판 위에 놓이게 되었다(천문학자들이 발견한 블랙홀에서는 방출량이 너무 작아 복사를 관측할 수 없지만, 만약 3장에서 설명한 원자 크기의 '미니 블랙홀'의 존재가 실제로 발견된다면 중요해질 수 있다.).

플랑크 규모에서 우주의 구조를 기술하는 초끈 이론들은 새로운 통찰력을 주었다. 미국의 이론가 앤드루 스트로밍거(Andrew Strominger)는 1996년에 블랙홀이 (특별한 종류이기는 하나) 끈 규모의 원소로부터 '형성되는' 것으로 생각할 수 있음을 입증했으며, 결국 작고 똑같은 블랙홀이 될 이들 성분의 '재배열' 수를 어떻게 계산하는지 보여 주었다. 그것은 베켄슈타인과 호킹이 계산한 엔트로피 값과 정확히 일치했다. 이것은 물론 경험적 주장이 아니다. 그러나 그의 주장은 전통적인 물리학에 기초한 계산에서 나온 것이었다. 그것은 그 이론에 대한 신뢰를 높이고 블랙홀의 신비한 특징에 대한 깊은 통찰력을 주었다.

또 다른 희망(비록 논의의 여지가 있고 기초는 그다지 확고하지 않지만)

은 초끈이 양자 개념에 대한 새로운 통찰력을 줄지도 모른다는 사실이다. 리처드 파인만은 "양자 역학을 진정으로 이해하는 사람은 아무도 없다."라고 말했다. 양자 역학은 놀라울 정도로 잘 들어맞는다. 대부분의 과학자들은 그것을 거의 생각 없이 적용한다. 그러나 그것은 아인슈타인 이후의 많은 사색가들이 이해하지 못하는 '놀라운' 양상을 지니고 있다. 그리고 우리가 그런 양상을 이미 아주 잘 이해하고 있다고 믿기란 어렵다.

플랑크 규모를 직접 탐사할 수는 없다. 그러나 미시 세계에 3개의 기본 힘과 특별한 유형의 입자 등이 있다는 우연성을 초끈 이론이 설명할 수 있을지도 모른다. 만약 이런 일이 일어난다면 우리는 확실히 우리가 만든 수학적 구조에 자신감을 갖게 될 것이다. 초끈 이론은, 다음 장에서 논의하겠지만, 무엇보다도 중요한 다우주 이론을 제공할지도 모른다.

11
우주는 여러 개일까?

종교에 관한 한 나는 이신론 쪽으로 기울어져 있다. 물론 그것을 입증하는 일은 주로 천체물리학의 문제라고 생각한다. 이신론의 주장처럼 우주를 창조한 우주론적 신의 존재가 지금은 상상할 수 없는 물리적 증거들로 입증될 수도 있을 것이다. 아니면 이 문제는 영원히 인간이 해결할 수 없는 성격의 것일 수도 있다.

—에드워드 윌슨, 『통섭(*Consilence*)』

미세 조정은 무엇을 의미할까?

우리 우주의 난해한 복잡성은 간단한 법칙으로 설명되어 왔다. 그러나 간단한 법칙이 반드시 복잡한 결과를 허용하는 것은 아니다. 우리는 이제 우리의 여섯 수가 달라지면 지루하거나 활기 없는 우주가 될 거라는 사실을 알았다. 마찬가지로 수학 공식은 매우 풍부한 의미를 지닐 수 있지만 일반적으로는 그렇지 않다. 예를 들어 무한히 복잡한 구조를 갖고 있는 만델브로 집합은 짧은 알고리듬으로 기호화되어 있다 그림 7. 그러나 표면적으로 유사한 다른 알고리듬들은 매우 지루한 패턴들을 만든다.

여섯 개의 수가 미세 조정되어 있다는 명백한 사실에는 여러 가지 방식으로 반응할 수 있다. 한 가지 냉정한 반응은 이들 수가 만약 '특별한' 방식으로 적절하게 조정되지 않는다면 우리가 존재할 수 없다는 사실을 깨닫는 것이다. 우리는 명백히 여기에 존재하므로 놀랄 일은 없다. 많은 과학자들이 이런 생각을 받아들이지만 내게는 확실히 불만족스럽다. 나는 캐나다의 철학자 존 레슬리(John Leslie)의 은유에 깊은 감명을 받았다. "당신이 사격대와 마주하고 있다고 하자. 50명의 사수가 겨냥하지만 아무도 당신을 맞히지 못한다. 그들이 만약 모두 맞히지 못한 게 아니라면 당신은 살아남아서 그 문제를 생각하지 못했을 것이다. 그러나 그렇다고 하더라도 당신은 그 문제를 그냥 내버려 두지 않는다. 당신은 여전히

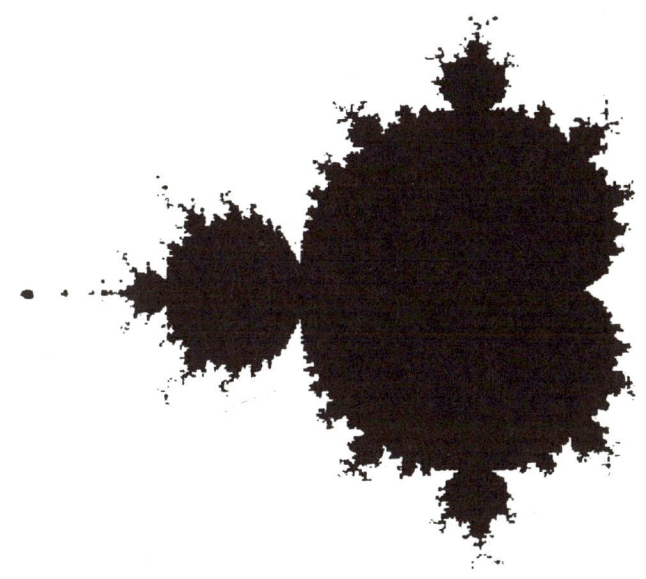

그림 7
만델브로 집합. 복잡한 구조를 포함하는 이 무한히 복잡한 패턴은 짧고 간단한 알고리듬으로 기호화된다. 그러나 비슷해 보이는 많은 알고리듬은 지루하고 특징 없는 패턴을 묘사한다. 우리 우주는 굉장히 다양한 결과를 허용하는 법칙의 지배를 받는다.

당황할 테고 더 나아가 행운을 얻게 된 이유를 찾을 것이다."

다른 사람들은 여섯 수의 '조율'을 자비로운 신의 증거로 든다. 왜냐하면 신은 우리를 만들려는(인간 중심적인 관점에서 살짝 벗어난 사람들은 정교한 복잡성이 나타나게 하려 했다고 말할 것이다.) 명확한 의도를 가지고 우주를 창조했기 때문이다. 윌리엄 페일리 같은 신의 존재에 대한 바 '설계 논증'을 옹호하는 사람들은 그렇게 주장한다. 그 논증의 변형들은 이제 존 폴킹혼(John Polkinghorne) 같은 뛰어난 과학신학자들의 지지를 받고 있다. 그는 우주가 "그저 '어떤 구세계'가 아니라, 그것이 그렇게 되기를 의도한 신의 창조물이기 때문에 특별하며 생명체를 위해 정교하게 조율되어 있다."라고 표현한다.●

'섭리' 주장을 받아들이지 않는 또 다른 시각이 있는데, 이것 역시 추측이기는 해도 강한 흥미를 끈다. 그 시각은 우리의 대폭발이 유일한 게 아니었을지도 모른다는 것이다. 여러 번의 대폭발이 독립적인 우주들을 만들었고 그 우주들이 다르게 식어서 결국 다른 법칙의 지배를 받고 다른 수들로 정의되는 우주로 안정되었을지도 모른다. 이것은 '경제적으로' 보이지 않을지도 모른다(사실 우주가 여럿 있다는 것보다 더 터무니없는 것도 없어 보인다.). 그러나 이것은 추론적이기는 해도 일부 이론들의 당연한 결론이며, 우리 우주를 그

● 존 폴킹혼의 『쿼크, 카오스 그리고 기독교(*Quarks, Chaos and Christianity*)』(1994)에서.

저 무수한 다우주 속에서 선택된 하나의 '원자'로 보는 새로운 시각을 열어 준다.

다우주

어떤 사람들은 '형이상학'(물리학자의 관점에서는 아주 지독한 혹평) 같은 개념을 무시하려는 경향이 있다. 그러나 다우주는 여전히 불확실한 가설에 지나지 않음에도 불구하고 진정으로 과학에 속하는 것 같다. 왜냐하면 그 이론을 믿음직한 발판 위에 올려놓기 위해서 어떤 물음들을 제기해야 하는지 우리가 이미 분명히 알고 있기 때문이다. 더욱 중요하게는(아무리 좋은 과학 이론도 반박당하기 쉽기 때문에), 우리는 그 개념을 배제할지도 모르는 어떤 새로운 사실들을 상상할 수 있다.

주요 장애물은 대폭발 이후 최초의 순간에 적용된 극단적인 물리학에 대한 당혹감이다. '급팽창'을 우리의 팽창하는 우주에 대한 설명으로 진지하게 받아들이는 이유는 여러 가지다. 우주가 '평평'해야 한다는 이 이론의 가장 확고하고 가장 포괄적인 예측은 최신 데이터(가장 간단한 형태는 아니지만 '평평함'에 기여하는 세 요소인 원자와 암흑 물질, 그리고 진공 에너지 λ에 대한 데이터)에 의해 뒷받침되는 것처럼 보인다. 급팽창에 대한 실제의 세부 묘사는 직접적인 실험의 범위를 훨씬 넘을 정도로 극단적인 조건들을 갖는 처음 10^{-35}초 동안 우세했던 물리 법칙들에 의존한다. 현실적으로 그러한 조건들이 무엇인지 파악할 수 있는 방법이 두 가지 있다. 우선 아주 초기의 우주는 우리의 현재 우주라는 뚜렷한 '화석'을 남겼다. 예를 들면 은하단과 초은하단은 급팽창하는 동안 생길 수 있는 극히 미세한 파동들을 '씨앗으로' 해서 만들어졌으며, 천문학자들이 지금 연구할 수 있는 파동의 성질은 이러한 구조가 만들어질 때 우세했던 색다른 물리학의 단서를 담고 있다. 둘째, 통일 이론은 지금은 임의적이고 신비하게 보이는 미시 세계의 양상들, 예를 들어 다양한 유형의 소립자(쿼크와 글루온 등)와 그것의 행동 방식에 새로운 통찰력을 제공함으로써 신뢰를 얻게 될지도 모른다. 그렇게 되면 이 이론을 급팽창 시기에 적용하는 데 자신감을 얻게 될 것이다.

　　이러한 두 경로를 따라 발전이 이루어진다면 아주 초기 우주의 물리학을 설득력 있게 설명할 수 있을지도 모른다. 우주가 극히 작은 크기의 무언가로부터 나타나는 과정을 모사하는 컴퓨터 시뮬레이션은 헬륨과 중수소가 팽창의 처음 몇 분 동안 어떻게 만들어졌고(5장) 은하와 은하단이 작은 파동으로부터 어떻게 나타났는지(8장)에 대한 우리의 현재 계산만큼 신뢰할 수 있게 될 것이다.

린데와 다른 사람들은 이미 '가상의 다우주'를 시뮬레이션했지만, 이 책을 쓰고 있던 시기에는 그들의 계산에 투입된 데이터가 대단히 임의적이었다. 즉 많은 추론적 선택이 가능한 것 같으며, 특별히 결정적인 방법은 없다. '영구 팽창'에 대한 이러한 연구들(9장)은, 우리가 이미 알고 있는 다른 모든 것과 일치하는 일부 가정들이 독립적인 대폭발들로부터 단절된 시공 지역으로 성장하는 많은 우주들을 낳는다는 사실을 보여 준다. 그러나 이런 우주들은 심지어 대충이라도 직접 관측되지 않는다. 우리는 그 우주들이 우리 우주 '이전'에 존재했는지 '이후'에 존재할지, 혹은 '나란히' 존재하고 있는지의 여부도 의미 있게 말할 수 없다. 그러나 만약 예측된 다우주들이 우리가 관측할 수 있는 사물들을 '어렵게나마' 설득력 있게 설명할 수 있다면, 다른 (관측할 수 없는) 우주들을 진지하게 받아들일 것이다. 우리가 현재의 이론들이 원자 안에 있는 쿼크나 블랙홀의 내부에 대해 예측하는 내용을 믿는 것처럼 말이다.

만약 정말로 많은 우주들이 있다면, 다음에는 이렇게 물어야 한다. 그 우주들이 얼마나 다양하게 보일까? 이 물음에 대한 대답은 이번에도 우리가 이해하는 것보다 더 심오하고 더 통일된 수준에 있는 물리 법칙들의 특성에 달려 있다. 어쩌면 어떤 '최종 이론'은 우리의 여섯 수 모두를 연결하는 유일무이한 공식을 줄지도 모른다. 만약 그렇게 된다면 다른 우주들이 설사 존재한다고 해도 본질적으로는 우리 우주와 똑같을 것이다. 또한 우리의 단일 우주가 실재의 전체일 경우와 마찬가지로 그 명백한 '조율'은 미스터리가 될 것이다. 그리고 우리는 여전히 대폭발의 극단적인 조건들 속에 각인된 한 집합의 수가 공교롭게도 100억 년 뒤에 그렇게 흥미로운 결과들을 가능하게 하는 제한된 범위에 놓이게 되었다는 사실에 당황할 것이다.

그러나 또 다른 가능성이 있다. 다우주 곳곳에 적용된 근원적인 법칙들이 더 임의적인 것으로 드러날지도 모른다. 각 우주는 우리 우주를 주조하는 데 쓰이는 너무나 중대한 수들과는 전혀 다른 집합의 수로 특징지어진 특유의 방식으로 진화할지도 모른다. 우리는 지구의 우연성(예를 들면 왜 특별한 산이 있는지)과, 심지어 우주 공간의 특징(성운의 모양, 은하들의 형태)을 '역사의 사건'으로 설명하는 데 익숙하다. 우리는 그러한 것을 더 심오하게 설명할 수는 없지만 어떤 근원적인 법칙의 결과라는 사실은 의심하지 않는다. 확대 해석하면 힘들의 세기와 기본 입자들의 질량(Ω와 **Q**와 λ뿐만 아니라)은 다우주 모두를 지배하는 최종 이론(어쩌면 초끈 이론의 한 변형)의 부차적 결과일 수도 있다.

이것은 물을 얼음으로 바꾸는 '상 전이' 같은 친숙한 현상과 비슷하다. 어떤 특별한 우주의 급팽창 시기가 끝났을 때, 공간 자체(진공)는 급격한 변화를 겪었다. 온도가 떨어지자 기본 힘들(중력과 핵력과 전자기력)은 모두 '얼어붙어' 물이 얼 때 생기는 얼음 결정의 패턴처럼 '우연'으로 여겨질 수 있는 방식으로 **N**과 ε의 값을 고정시켰다. 우주가 극히 작은 크기였을 때 양자 파동들에 의해 각인된 수 **Q** 역시 이러한 전이가 어떻게 일어나는가에 의존하는지도 모른다.

어떤 우주들은 초기의 9개 공간 차원 가운데 몇 개가 늘어나지 않고 줄어드는가에 따라 차원의 수가 달라지는지도 모른다. 심지어 3차원 공간에서도 다른 미시 물리학이 있을지 모르며, 어쩌면 다른 차원들이 말려 들어가는 6차원 공간의 형태에 따라 λ 값이 달라질 수도 있다. 우주들은 값이 다른 Ω(밀도와 우주들이 다시 붕괴할 경우 그것들의 '순환'이 얼마나 오래 지속될지를 결정하는)와 **Q**(우주가 얼마나 매끄러운지를 측정하고, 그 안에 어떤 구조들이 나타나는지를 결정하는)를 가질 수 있다. 일부 우주에서는 중력이 '진공 에너지(λ)'의 척력 효과에 너무 압도되어서 은하나 별이 전혀 형성되지 않을 수도 있다. 혹은 탄소와 산소 같은 원소를 안정시키고 별로 가공할 수 있는 ε이 0.007과 큰 차이가 날 수도 있다. 그러면 주기율표도 화학도 없을 것이다. 어떤 우주는 수명이 짧고, 살아 있는 내내 도처에서 온도가 똑같아 모든 것이 거의 평형 상태에 가까울 정도로 밀도가 높았을 수도 있다.

그리고 어떤 우주는 너무 작고 단순해서 내부가 전혀 복잡해질 수 없었을지도 모른다. 나는 1 뒤에 0이 36개나 이어지는 엄청나게 큰 수 **N**을 강조해 왔다. 그 수의 크기는 중력이 약하다는 사실을 반영한다. 즉 별(중력으로 구속된 핵융합 반응로)처럼 중력이 중요해지기 전에 아주 많은 수의 입자가 모여야만 한다. 별의 수명이 굉장히 길어서 그 주위를 도는 적당한 행성 위에서 광합성과 진화 과정이 일어날 수 있는 것은 바로 그 크기 때문이다. 3장에서 우리는 **N**이 10^{36}만큼 크지는 않지만 그밖의 모든 것(우리의 다른 다섯 수를 포함한다.)은 변하지 않는 우주를 상상했다. 별과 행성은 여전히 존재할 수 있지만 더 작고 더 빨리 진화한다. 그것들은 진화하는 데 필요한 시간만큼 살지 못한다. 그리고 복잡한 유기체로 진화할 정도로 큰 것은 무엇이든 중력 때문에 짜부라진다.

무엇이든 '흥미로운' 우주의 조리법에는 적어도 1개의 매우 큰 수가 포함되어야 한다. 입자가 몇 개밖에 들어 있지 않은 제한된 우주에서는 많은 일이 일어나지 않을 것이다. 모든 복잡한 물체는 엄청나게 많은 수의 원자를 가지고 있어야 한다. 정교하게 진화하기 위해서는 또한 오랜 시간(단 1개의 원자 사건보다 훨씬 더 긴 시간) 살아야 한다.

그러나 풍부한 입자와 긴 수명만으로는 충분하지 않다. 물리학이 보통 원자의 존재를 허용하지 않기 때문이든 혹은 원자가 전부 정확히 동일한 수의 반원자와 함께 소멸되기 때문이든, 우리 우주만큼 크고 수명이 길고 안정한 우주도 암흑 물질의 불활성 입자를 포함할 수 있을 것이다.

λ의 미스터리

이 추론적인 아이디어들은 진공 에너지의 양을 측정하는 중요한 수인 λ에 대한 새로운 시각을 제공한다. 급팽창을 추동하는 에너지는 진공에 잠재해 있었던 것으로 추정된다. 이것은 먼 과거의 λ가 오늘날보다 10^{120}배 정도 더 컸음을 의미한다. 이런 시각에서 보면 그렇게 큰 λ가 점점 작아져서 0에 굉장히 가까워진다는 사실은 매우 놀랍게 느껴진다. 이 수수께끼를 푸는 세 가지 매우 다른 해결책이 있다.

하나는 공간의 미시 구조(아마도 서로 연결된 작은 블랙홀들의 거품 같은 집단을 포함할 것이다.)가 어떻게든 그렇게 되도록 스스로를 조정한다는 것이다. 두 번째 아이디어는 붕괴가 서서히 일어나 어떻게든 보통 물질의 밀도를 '따라간다.'는 것이다. Ω가 0.3 정도지만 진공이 여전히 충분한 에너지를 저장하고 있어서 평평한 우주가 되기 위해 요구되는 임곗값까지 총밀도를 끌어올리는 데 필요한 남은 0.7을 제공하는 것은 우연의 일치가 아닐지도 모른다.

세 번째 가능성은 우리 우주에서 λ가 작은 이유에 대한 근본적인 설명은 없지만 그 '조율'(우리의 다른 수들의 조율과 마찬가지로)이 우리의 존재에 필수적이라는 것이다. 우리는 λ가 특별한 밀도에서 중력을 중화시키는 것으로 생각할 수 있다. 아인슈타인이 정적인 우주를 고안했을 때, 그 안에서 일어날 거라고 생각했던 게 바로 이런 일이었다. 따라서 우주가 팽창하면서, 그리고 보통 물질이 더 퍼지면서, 어떤 시기의 밀도가 임곗값 밑으로 떨어지고 척력이 중력을 '이기기' 시작한다. 우리 자신의 우주가 임곗값을 지나서 은하들이 이미 우리에게서 더 빨리 후퇴하고 있는지도 모른다. 그러나 λ가 훨씬 더 큰 걸 제외하고 우리 은하와 똑같이 '만들어지는' 우주를 상상해 보라. 그러면 척력이 훨씬 더 일찍 우세해진다. 만약 이런 변화가 은하가 형성되기 전에 일어난다면, 은하는 결코 형성되지 못할 것이고 그런 우주는 활기가 없을 것이다.

다우주에서는 λ 값이 변할 수 있다. 이 값들은 불연속적인 수들의 집합일 수도 있고(여분의 차원들이 말려진 방식에 따라 결정된 것이다.), 연속적인 수들일 수도 있다. 대부분의 우주에서 λ는 우리 우주에서보다 훨씬 더 크다. 그러나 우리 우주가 은하가 형성될 수 있는 우주들을 모두 대표할 수는 있다.

케플러식 논법

다우주 문제는 Ω와 λ에 대한 관측 증거를 어떻게 고찰해야 하는가 하는 현재의 문제에도 영향을 미친다. 일부 이론가들은 Ω를 정확히 1로 만들기에 충분한 은하간 암흑 물질이 있는 가장 간단한 우주를 매우 선호한다. 이러한 우주는 완벽하게 조율되어 있을 것이다. 예를 들어 Ω가 0.3이라면, 더구나 λ가 0이 아닌 값을 갖는다면 이론가들은 매우 곤혹스러워한다. 그러나 우리가 살펴본 것처럼, 이러한 단순성에 대한 집착과 갈망은 큰 실망으로 이어질 것 같다.

어쩌면 400년 전에 일어난 논쟁들과 비교할 수 있을지도 모른다. 케플러는 행성이 원이 아니라 타원 궤도에서 움직인다는 사실을 발견했다. 갈릴레오는 이 주장에 당황하면서, "우주의 지역들 사이에서 완벽한 질서를 유지하기 위해서, 움직일 수 있는 물체는 반드시 원형으로만 움직일 수 있다고 말해야 한다."라고 썼다.●

갈릴레오에게는 원이 더 아름다워 보였다. 그리고 원이 더 간단했다. 원은 반지름이라는 단 하나의 수만으로 기술되는 반면, 타원은 그 모양을 정의하기 위해 여분의 수(이심률)가 필요하다. 그러나 뉴턴은 나중에 모든 타원 궤도를 단 하나의 통일 중력 이론으로 이해할 수 있다는 사실을 입증했다. 갈릴레오가 만약 『프린키피아』가 출간되었을 때까지 살아 있었다면, 그는 천체의 궤도가 타원이라는 사실을 기꺼이 받아들였을 게 틀림없다.

● S. 드레이크가 번역한 『세계의 두 가지 주요 체제에 관한 대화(Dialogues Concerning the Two Chief Systems of the World)』(1953)에서.

확실히 유사한 상황이다. Ω가 작고 λ가 0이 아닌 우주는 추하고 복잡해 보일지 모른다. 그러나 그것은 어쩌면 우리의 상상력에 한계가 있기 때문인지도 모른다. 우리 지구는 무한한 가능성들 가운데 오직 진화에 도움이 되는 환경(태양에 너무 가까워지지도 않고, 너무 멀어지지도 않는)을 허락한다는 필요 조건만 만족시키면 되는 어떤 타원을 따라간다. 마찬가지로 우리 우주는 오직 우리 인류의 출현을 허락한다는 필요 조건만 만족시키면 되는 모든 가능한 우주들 가운데 하나에 불과한지도 모른다. 따라서 나는 오컴의 면도날*을 경계할 필요가 있다고 말하고 싶다. 즉 '단순한' 우주론을 편애하는 것은 갈릴레오가 원에 열중했던 것처럼 근시안적일지 모른다.

만약 정말로 '우주의 수들'이 다른 우주들로 이루어진 전체가 있다면, 우리는 이 여섯 수가 복잡한 진화를 허용하는 작고 전형적이지 않은 부분 집합들 가운데 하나라는 사실을 깨닫게 될 것이다. 우리 우주 안에서 특별한 위치에 있게 된 사실에 놀라지 않는 것과 마찬가지로 우리는 '설계된' 것 같은 우리 우주의 특징들에도 놀라

---

* 오컴의 윌리엄은 '실체들을 꼭 필요한 이상으로 증가시키지 마라.' (라틴 어로부터 번역했다.)라는 견해를 제시했다.(불필요하게 복잡한 의견에 대한 부정. 이왕이면 단순한 설명이 좋다는 생각 — 옮긴이)

지 않을 것이다. 우리는 모성에서 특별한 거리만큼 떨어져 궤도를 도는 대기가 있는 어떤 행성 위에 살고 있지만, 이것은 사실 매우 '특별한' 장소다. 우리가 우주 공간에서 한 장소를 집는다면 대개의 경우 별과 멀리 떨어져 있는 곳을 집게 된다. 그곳은 가장 가까운 은하에서도 수백만 광년 떨어져 있는 곳일 가능성이 높다.

이 책을 쓰면서 문득 떠오르는, 우리의 여섯 수가 우주 역사의 사건들이라는 생각은 '육감'에 불과하다. 그러나 육감은 근원적인 물리학을 더 잘 이해함으로써 확고해질 수 있다. 그것이 진정한 과학적 가설로 정립되는 데에서 더욱 중요한 걸림돌은 반박당하기 쉽다는 사실이다. 만약 이 수들이 우리의 존재가 요구하는 것보다 훨씬 더 특별한 것으로 밝혀진다면 다른 해석을 찾아야 할 것이다. 예를 들어 (현재의 암시들과 반대로) λ가 임계 밀도의 0.001보다 작게 기여했고, 따라서 우주의 척력이 은하의 형성을 억제하는 것을 막는 데 필요한 양보다 수천 배 작았다고 가정하자. 이렇게 되면 그것이 왜 0이 아닐까 하는 의심을 불러일으킬 것이다. 마찬가지로 지구의 궤도가 완벽한 원이었다면(물론 궤도가 완벽한 원이든 다소 찌그러진 타원이든 우리에게 큰 영향은 없겠지만), 이는 케플러와 갈릴레오가 좋아했을, 행성의 궤도가 정확히 수학적 비례에 의해 결정된다는 설명에 힘을 실어 주었을 것이다.

　만약 근원적인 법칙들이 모든 중요한 수들을 독특하게 결정한다면, 그래서 다른 어떤 우주도 그런 수학적 법칙들과 부합하지 않는다면, 우리는 '조율'이 맹목적 사실이라는, 즉 섭리라는 것을 받아들여야 할 것이다. 반면에 궁극적인 이론은 반복되는 대폭발로 진화가 중단되는 다우주를 허용할지도 모른다. 근원적인 물리 법칙들은 다우주 전체에 적용될 때, 개별적인 우주들의 다양성을 허용할지도 모른다.

진보와 전망들: 개요

아주 초기의 우주를 설명하고 다우주 개념을 명백하게 하는 일은 미래의 도전 과제다. 우리가 20세기에 이룬 업적들을 되돌아보면 이 도전 과제는 덜 위압적으로 보인다. 100년 전에는 별이 왜 반짝이는지조차 몰랐다. 우리는 정적인 체제로 생각되었던 은하수 너머에 대해서는 아무것도 몰랐다. 그러나 현재 우리는 100억 년의 역사를 알고 있고, 그 역사의 '처음'의 몇 분의 1초까지 더듬어 올라갈 수 있다.

물리적인 탐사는 여전히 우리 태양계로 한정되어 있다. 그러나 망원경과 감지기의 개선으로 대폭발 이후 90퍼센트의 시간이 흘렀는데도 아직 그 빛이 우리에게 도달하지 못했을 정도로 멀리 떨어져 있는 은하들을 연구할 수 있게 되었다. 우리는 원칙적으로 우리가 접근하기 쉬운 영역에 대한 지도를 적어도 대략적으로는 만들었다. 그러나 충분한 시간이 흐르지 않아 그 빛이 우리에게 도달하지 못한(그리고 어쩌면 결코 도달하지 않을) 훨씬 더 큰 영역을 우리 우주가 포함하고 있다고 생각한다.

우리는 가까운 은하들뿐만 아니라 최고 100억 년 전의 모습을 보여 주는 먼 은하 집단들을 자세히 관측함으로써 우주의 구조가 어떻게 생겼으며 은하들이 어떻게 진화했는지를 배우고 있다.

이런 진보가 가능한 것은 지구뿐만 아니라 가장 먼 은하들에도, 그리고 지금뿐만 아니라 우리 우주가 팽창하기 시작한 처음 몇 초 동안에도 적용되는, 기본 물리 법칙 덕분이다. 우리의 물리학이 아직 알지 못하는 조건들을 만날 수 있는 곳은 오직 우주 팽창의 처음 100만 분의 1초 동안과 블랙홀의 깊숙한 내부뿐이다.

우주론자들은 더 이상 데이터가 부족하다고 느끼지 않는다. 현재의 진보는 안락의자에 앉아 있는 이론가들보다 관측가들과 실험가들의 덕택이다. 그러나 미래에는 안락의자에 앉아 있는 '관측가들'이 있을 것이다. 이제 은하에 대한 조사 결과와 하늘의 상세한 '지도'는 그것들을 입수하거나 전송받을 수 있는 사람은 누구나 연구에 이용할 수 있다. 훨씬 더 많은 사람들이 우리 우주 탐구에 참가해서 자신의 '육감'을 확인하고 새로운 패턴들을 찾을 것이다.

관측이 꾸준히 개선되고 있지만 우리의 이해는 지그재그 모양으로 나아가고 있다. 이론이 생겼다가 사라지면서 톱니 모양을 그리기는 하지만 일반적으로는 향상되고 있다. 발전이 이루어지려면 더 강력한 망원경과, 더 현실적인 시뮬레이션을 가능하게 하는 컴퓨터가 필요하다.

과학에는 매우 크고, 매우 작고, 매우 복잡한 세 가지 주요 분야가 있다. 우주론은 그것들 모두를 포함한다. 18세기 이후 지구의 크기와 모양이 정확히 측정되었던 것처럼 우주의 수 λ와 Ω와 Q도 수년 안에 정확히 측정될 것이다. 그때쯤에는 '암흑 물질' 문제도 해결될지 모른다.

그러나 우주의 초기 상황을 이해하는 것은 여전히 중요한 도전 과제이다. 어쩌면 초끈 이론의 변형인 '최종' 이론을 기다려야 할지도 모른다. 그러한 이론은 뉴턴과 함께 시작되었고, 맥스웰과 아인슈타인과 그들의 계승자를 통해 계속되어 온 지적 탐험의 끝을 알리는 전조가 될 것이다. 그것은 초기의 우주와 블랙홀의 중심을 설명할 뿐만 아니라 공간과 시간과 기본 힘에 대한 이해를 심화시킬 것이다.

이 목적은 이룰 수 없을지도 모른다. '최종' 이론이 없을 수도 있다. 혹은 있다고 해도 우리의 정신력으로는 이해할 수 없을 수도 있다. 그러나 설사 이 목적에 도달한다고 해도, 그것으로 도전적인 과학이 끝나는 것은 아니다. 우주론은 '기초' 과학일 뿐만 아니라 가장 중요한 환경 과학이다. 그것은 단순한 '불덩어리' 하나가 어떻게 복잡한 우주로 진화했는지, 그리고 그 안에서 어떻게 생각할 수 있는 생물이 진화했는지를 이해하려고 애쓴다.

리처드 파인만은 훌륭한 비유를 통해 이런 논지를 강조했다. 체스 두는 걸 한 번도 본 적이 없는 사람이 게임을 몇 번 지켜보고 규칙을 추론할 수 있다고 하자. 마찬가지로 물리학자들은 자연의 기본 요소를 지배하는 법칙과 변형을 배운다. 체스에서 묘수를 배우는 일은 풋내기에서 위대한 대가로 괄목할 만한 발전을 하기 위한 하찮은 준비 과정에 불과하다. 비슷하게 설사 우리가 기본 법칙을 알고 있다고 해도, 그 결과가 우주의 역사에서 어떻게 전개되었는지를 탐구하는 일은 끊임없는 탐색 과정을 필요로 한다. 양자 중력 이론과 소립자 물리학 같은 것을 무시하면 '처음'을 이해할 수 없다. 그러나 천문학자들이 관측된 일상 세계와 현상을 해석하는 데 어려움을 겪는 것은 그 복잡성에서 비롯된다. 모든 것은 소립자 수준에서 일어난 과정의 결과일지도 모른다. 그러나 설사 우리가 미시 세계를 지배하는 적절한 방정식을 안다고 해도, 단일 분자보다 더 복잡한 어떤 것에 대해서도 그 방정식을 풀 수 없다. 우리가 그렇게 할 수 있다고 해도 그 결과로 생기는 '환원주의'적 설명이 빛을 밝혀 주지는 못한다. 복잡한 현상에 의미를 부여하기 위해서 우리는 새로운 '긴급한' 개념을 도입한다(예를 들면 액체의 요동과 고체의 구조는 원자들의 집합적인 행동에 기인하며, 원자물리학으로 '정리'될 수 있지만, 이것들 자체도 당연히 중요한 개념이다. '공생'과 '자연선택'과 다른 생물학적 과정은 훨씬 더 그렇다.).

체스 비유는 우리에게 다른 무언가를 상기시킨다. 관측 가능한 유한한 우리 우주는, 비록 100억 광년 거리까지 뻗어 있는 어마어마한 규모라고 해도 모든 가능성을 '끌어낼' 수 있다. 왜냐하면 다른 일련의 사건들이 얼마나 많이 일어날 수 있는지에 대해 어떤 어림을 하더라도 우리가 지금까지 마주친 것보다 훨씬 더 큰 수에 금방 도달할 수 있기 때문이다. 체스 게임이 서로 다르게 진행될 경우의 수는 두 사람이 말을 각각 3번만 움직여도 모두 900만 개나 된다. 40번씩 움직일 때의 경우의 수는 우주의 지평선 내에 있는 모든 원자의 수인 10^{78}개보다도 훨씬 많아진다. 우주의 모든 물질로 수많은 체스 판을 만든다고 해도 대부분의 체스 게임을 표현할 수 없을 것이다. 그리고 체스 게임에서 우리가 선택할 수 있는 움직임의 수는 자연계에서 일어날 수 있는 경우의 수에 비하면 아주 작을 게 분명하다.

간단한 무생물 체계들조차도 일반적으로 너무 '무질서'해서 예측할 수가 없다. 뉴턴이 행성 궤도에서 예측할 수 있는 자연의 몇 가지 양상들 가운데 하나를 발견한 것은 사실 행운이었다! 생물학적 과정은 모두 다 체스 게임에 비교할 수 없을 만큼 엄청난 경우의 수를 경험하게 되며, 그 복잡성이 드러나는 모든 단계마다 선택의 여지가 더 많아진다. 만약 모든 은하에 생명체가 살고 있는 지구 같은 행성이 수백만 개 있다면, 그들 덕분에 각 은하는 구별될 것이다(그러나 우리 지평선 훨씬 너머에는 글자 그대로 무한한 공간이 있을 수 있고, 그곳에서는 모든 가능한 환경들의 조합이 일어날 수 있다. 그리고 종종 무한히 반복될 수 있다.●). 이런 시각은 우리에게 과학적 승리주의에 빠지지 말

것, 즉 우리가 자연의 복잡한 사물을 정말로 많이 이해하게 될 것이라고 자만하지 말 것을 경고한다.

　이 책의 주제는 오우라보루스그림 1로 상징되는 미시 세계와 거시 세계 사이의 긴밀한 관계였다. 소립자 세계의 힘에 의해 우리의 일상 세계가 존재하게 된 것 또한 우리 우주의 잘 조율된 팽창 속도와, 은하 형성 과정과, 고대의 별에서 만들어진 탄소와 산소 덕택이다. 몇 가지 기본 물리 법칙이 '규칙'을 결정한다. 간단한 대폭발로부터 우리가 출현하게 되기까지의 과정은 6개의 '우주의 수'에 민감하다. 이 수들이 정확하게 조율되지 않았다면 복잡성의 한 층 한 층을 차례로 벗겨 나가는 일은 이미 끝나 버렸을 것이다. '나쁘게 조율된', 그래서 열매를 맺지 못한 다른 우주들이 무한히 많을까? 우리의 전체 우주가 다우주의 한 '오아시스'일까? 혹은 우리의 6개의 수가 행운의 값을 갖게 된 다른 이유들을 찾아야 할까? 우리 앞에는 아직 무수한 문제가 남아 있다.

● 우주론자 존 배로(John Barrow)가 빈정거렸듯이, 이 말이 사실이라면 우리는 그리 독창적인 존재가 아닐 것이다.

찾아보기

가
가모브, 조지 132, 179
갈릴레오, 갈릴레이 59, 274~276
갈색 왜성 146~147
감마선 폭발 75
거대 강입자 가속기(LHC) 215
거대 과학 174
거대끌개 107
거스, 앨런 223, 230~231
겔만, 머리 219
골딘, 대니얼 43
광도 곡선 173, 175
광자 126, 150~151, 160, 213
규모 인자 167
균일성 32, 51, 222
근접 충돌 66
글래쇼, 셸던 218
글루온 254, 266
급팽창 168, 198, 221, 225, 229, 235, 264, 270
급팽창 우주 이론 222~230

나
뉴턴, 아이작 31, 56~57, 59, 68~70, 73, 86, 142~143, 194, 241, 279

다
다우주 33, 237, 267, 273
다이슨, 프리먼 182
단극 230~232
대격변 이론 37
대통일 이론 167, 220, 228
대폭발 16, 19, 29, 31~32, 127~132, 152, 157, 159, 165, 181, 190, 205, 213, 215, 253, 283
대폭발 이론 115, 134, 149, 204, 212~213
대함몰 137
도플러 효과 39~40, 114, 205
D 19
뜨거운 대폭발 126~127

라
λ 18, 178~187, 197, 207, 222, 226, 269~276, 279
레슬리, 존 262
레이저 간섭 우주 배열(LISA) 229
로웰, 퍼시벌 48
린데, 안드레이 223, 237, 267

마
마시, 제프리 40
마이크로 렌즈 효과 147, 154
마이크로파 이방성 탐사선 197, 228

만델브로 집합 262~263
맥스웰, 제임스 클러크 217, 230, 279
메이어, 미셸 39
모든 것의 이론 20, 53
미니 블랙홀 186, 232

바

바버, 줄리언 69, 248
반물질 94, 221, 247
반양성자 159
반입자 158~159
반중력 18, 177
반쿼크 158, 160~161
백색 왜성 64, 85, 162, 185~186
버틀러, 폴 40
베켄슈타인, 야코프 258
보니것, 커트 245
보른, 막스 30
브루노, 조르다노 48
블랙홀 9, 19, 74~82, 140, 148, 154~155, 162, 180, 182~184, 186~187, 204~205, 208, 230, 248, 253, 258~259, 267, 278
    표준 상태 76
블러링 효과(현상) 118, 123
비어스, 앰브로스 103
비트겐슈타인, 루트비히 234
빛의 피로 현상 114, 174

사

사토 가쓰히코 223
사하로프, 안드레이 159~160, 247
살람, 압두스 218
샐피터, 에드윈 60
세이건, 칼 43, 49, 60
셸턴, 이언 87
스타로빈스키, 알렉스 223

스타인벡, 존 15
스트로밍거, 앤드루 259
스펙트럼 39, 43, 93, 111, 204
시간 243~248
    시간의 비대칭성 246
    시간의 화살 244
시간 팽창 71~72, 77
쌍성 75, 147

아

아우구스티누스(성) 189, 211
아인슈타인, 알베르트 31, 68~69, 71~72, 74, 76~79, 94, 120, 143~144, 177~179, 182~183, 186, 217~218, 233, 244, 252, 255~258, 272, 280
안드로메다 은하 22, 105~106, 119, 128, 185, 188
암흑 물질 126, 140~159, 163, 173, 176, 186, 199~202, 204, 208, 226, 270, 273
액시온 154
앨런, 우디 135
약력 160, 254
양자 251
    양자 효과 252
양자 거품 22
양자 중력 250
양자 중력 이론 253~254
에딩턴, 아서 65
에스헤르, M. C. 112~114, 116~117, 120, 133, 167
에이미스, 마틴 244
N 17, 61~62, 65, 67, 81, 166, 232, 252, 269, 270
엔트로피 190~191, 258~259
ε 17, 96~98, 100~101, 104, 153, 158, 166, 220, 269~270
역제곱 법칙 56, 61, 142~143, 240~241

열역학 제2법칙 190
영구 팽창 237, 267
오리온성운 35~36, 87, 92, 192
Ω 17~18, 139~140, 149, 152, 162~163, 165~166, 176, 185, 197, 207, 222, 226, 269, 279
오우라보루스 26~28, 32, 283
오컴의 면도날 275
와인버그, 스티븐 218
외계 지적 생명체 탐사 49
우주 배경 복사 125, 181, 196~198, 248
우주 배경 복사 탐사(COBE) 위성 126~127, 196, 212
우주 진화 시뮬레이션 198~205, 266~267
우주 팽창 115, 127~128, 177, 278
우주
    우주의 정의 237
    우주의 척력 177, 223
    우주의 크기 28
원시 태양 원반 36
원시별 36
원자의 수명 161~162
위튼, 에드워드 257
윌슨, 에드워드 261
유럽 입자 물리 연구소(CERN) 215, 218
은하단 22, 105, 144, 170, 194, 198, 202, 207, 266
일반 상대성 이론 68, 144, 178, 186, 257~258
임계 밀도 138, 149, 169, 173, 185, 22, 276
입자 동물원 219
입자 쇼비니즘 157

자
적색 거성 85
적색 이동 111, 114, 119, 170~171, 173~174, 184, 186, 205

적응 광학 123
전파 망원경 50
절대 영도 177, 190
점전하 219
정상 우주 129
정상 폭발 130
정지 질량 에너지 72, 74, 95 194, 233
조력 79
주기율표 17, 28, 89, 91, 97, 103, 131~132, 193, 202, 270
중력 렌즈 효과 144~147, 155
중력 웅덩이 233
중력 잠재 에너지 233
중력파 229~230
중성미자 73~74, 77, 149~151, 155, 162, 213, 218
중성자별 9, 162, 185~186, 215
중수소 97, 132~133, 148~149, 156, 204, 213, 266
진공 에너지 225, 270

차
차디, 존 55
처녀자리 은하단 22, 107~105, 249
천체 충돌 41
청색 이동 111
초끈 19, 22
초끈 이론 254, 256, 259
초대칭 153
초대형 망원경 122
초대형 블랙홀 80
초성 204
초신성 73, 87~88, 91, 128, 172~177, 181~182
초은하단 109, 158, 194, 198, 202, 208, 248, 266
초중원소 89

최종 이론 269, 279, 280
츠위그, 조지 219

카

칼루자, 시어도어 255
캘빈 경 84, 96, 130~131
커, 로이 76
커슈너, 로버트 108
케플러, 요하네스 239, 274, 276
켄들, 헨리 219
코페르니쿠스, 니콜라우스 29, 157
쿠에로스, 디디에 39
쿼크 1 58, 160~161, 219, 254, 266~267
쿼크 모형 219
퀘이사 80, 171, 204~205
Q 18~19, 109, 194~199, 206, 207~210, 213, 227~228, 230, 269, 272, 279
크로닌, 제임스 160
큰 벽 107~108
클라인, 오스카 255

타

타원 은하 105~106
태양계의 형성 36
테일러, 리처드 219
토프트, 헤라르뒤스 218
통일 이론 27, 266
특수 상대성 이론 120
특이점 78~80, 253

파

파울리, 볼프강 130
파인만, 리처드 52, 260, 280
패러데이, 마이클 216~217, 230, 240~241
팽창 속도 167, 170, 193
펄뮤터, 사울 175

페일리, 윌리엄 2 41~242, 264
평범의 원리 29
폴킹혼, 존 264
표면 장력 58
표준 모형 219
표준 촛불 171~172
프랙털 107~109
프리드먼, 제롬 219
플랑크 규모 259~260
    플랑크 길이 251~252, 255
    플랑크 시간 251~253
플랑크 상수 251
플랑크, 막스 251
플랑크/서베이어 197, 228
피치, 밸 160

하

하인, 피에트 169
핵력 81, 90, 96, 98, 100, 104, 153, 160
핵융합 84, 95, 98, 133, 191
행성 사냥 37~43, 74
허블 상수 167
허블 우주 망원경 22, 118, 122, 144, 175
허블 팽창 114
허블, 에드윈 112, 124, 179
허셜, 윌리엄 48
형이상학 264
호이겐스, 크리스티안 37
호일, 프레드 99~100, 129~130, 132
호킹, 스티븐 254, 259
환원주의 281
활동 은하핵 204
휘어진 시공간 256
휘트먼, 월트 83
휠러, 아치볼드 76
흑체 곡선 125, 212

옮긴이 **김혜원**

서울에서 태어나 연세 대학교 천문기상학과를 졸업하고 동 대학원에서 석사 학위를 받았다. 현재 과학 전문 번역가로 활동하고 있다. 『우주여행, 시간여행』으로 제15회 과학기술도서상 번역상을 수상하였다. 옮긴 책으로 『아름다운 밤하늘』과 『해리 포터』시리즈를 비롯해 『애니모프』 시리즈, 『고대 야생 동물 대탐험』, 『혜성』, 『세균 전쟁』 등이 있다.

사이언스 마스터스 11

여섯 개의 수 | 마틴 리스가 들려주는 현대 우주론의 세계

1판 1쇄 펴냄 2006년 10월 10일
1판 3쇄 펴냄 2018년 3월 16일

지은이 마틴 리스
옮긴이 김혜원
펴낸이 박상준
펴낸곳 (주)사이언스북스

출판등록 1997. 3. 24.(제16-1444호)
(06027) 서울특별시 강남구 도산대로1길 62
대표전화 515-2000 팩시밀리 515-2007
편집부 517-4263 팩시밀리 514-2329
www.sciencebooks.co.kr

한국어판 ⓒ (주)사이언스북스, 2005. Printed in Seoul, Korea.

ISBN 978-89-8371-940-9 (세트)
ISBN 978-89-8371-951-5 03400

『사이언스 마스터스』를 읽지 않고 과학을 말하지 마라!

사이언스 마스터스 시리즈는 대우주를 다루는 천문학에서 인간이라는 소우주의 핵심으로 파고드는 뇌과학에 이르기까지 과학계에서 뜨거운 논쟁을 불러일으키는 주제들과 기초 과학의 핵심 지식들을 알기 쉽게 소개하고 있다.

전 세계 26개국에 번역·출간된 사이언스 마스터스 시리즈에는 과학 대중화를 주도하고 있는 세계적 과학자 20여 명의 과학에 대한 열정과 가르침이 어우러져 있다. 과학적 지식과 세계관에 목말라 있는 독자들은 이 시리즈를 통해 미래 사회에 대한 새로운 전망과 지적 희열을 만끽할 수 있을 것이다.

01 섹스의 진화   제러드 다이아몬드가 들려주는 성性의 비밀
02 원소의 왕국   피터 앳킨스가 들려주는 화학 원소 이야기
03 마지막 3분   폴 데이비스가 들려주는 우주의 탄생과 종말
04 인류의 기원   리처드 리키가 들려주는 최초의 인간 이야기
05 세포의 반란   로버트 와인버그가 들려주는 암세포의 비밀
06 휴먼 브레인   수전 그린필드가 들려주는 뇌과학의 신비
07 에덴의 강   리처드 도킨스가 들려주는 유전자와 진화의 진실
08 자연의 패턴   이언 스튜어트가 들려주는 아름다운 수학의 세계
09 마음의 진화   대니얼 데닛이 들려주는 마음의 비밀
10 실험실 지구   스티븐 슈나이더가 들려주는 기후 변화의 과학